システムのレジリエンス

さまざまな擾乱からの回復力

大学共同利用機関法人 情報・システム研究機構
新領域融合研究センター
システムズ・レジリエンスプロジェクト
［著］

近代科学社

◆ 読者の皆さまへ ◆

平素より，小社の出版物をご愛読くださいまして，まことに有り難うございます.

㈱近代科学社は1959年の創立以来，微力ながら出版の立場から科学・工学の発展に寄与すべく尽力してきております．それも，ひとえに皆さまの温かいご支援があってのものと存じ，ここに衷心より御礼申し上げます.

なお，小社では，全出版物に対してHCD（人間中心設計）のコンセプトに基づき，そのユーザビリティを追求しております．本書を通じまして何かお気づきの事柄がございましたら，ぜひ以下の「お問合せ先」までご一報くださいますよう，お願いいたします.

お問合せ先：reader@kindaikagaku.co.jp

なお，本書の制作には，以下が各プロセスに関与いたしました：

・企画：小山　透
・編集：石井沙知
・組版・印刷・製本（PUR）・資材管理：藤原印刷
・カバー・表紙デザイン：藤原印刷
・広報宣伝・営業：冨高琢磨，山口幸治，西村知也

序文

科学の、社会に対する役割が変化しつつある。20世紀前半までの科学、特に自然科学は、世の中の成り立ちを知りたいという、知識に対する欲求が主要な動機であった。しかし20世紀後半になって、科学は人類社会の繁栄や、そもそもの存続のために、なくてはならないものとなってきた。科学者たちは、「知る」だけでなく、より積極的に社会への関わり、貢献を求められるようになってきたのである。

ここに、科学者たちへの1つの問いかけがある。災害などの大きな脅威に対して、私たちの文明や社会を持続可能にするには、どうすればよいだろうか。私たち、情報・システム研究機構の領域横断型の研究グループは、「さまざまな擾乱に対して柔軟に対応して生き残るシステム、すなわちレジリエントなシステムとは何か」を明らかにして、これに答えることを試みた。

そもそも「レジリエンス」という概念は科学の対象なのだろうか。世の中にはどのようなレジリエンスがあるのだろうか。レジリエンスは定量化できるだろうか。また、バックグラウンドが違う異分野の研究者が集まって、このような得体の知れない概念に対して何らかの共同作業ができるのだろうか。

本書は、レジリエンスという概念に対して科学的にアプローチした私たちの4年間の活動から得られた知見を、できるだけ平易にまとめたものである。レジリエンスという概念の大切さとともに、さまざまなレジリエンスの側面から、その面白さ、奥の深さを感じていただけるのではないかと思う。同時に、できるだけプロジェクトメンバーの人となりが伝わるようにしたつもりである。異分野融合研究の難しさと、その意義を感じていただければ幸いである。

2016年3月
著者

目次

第1章　レジリエンスとは

1.1 東日本大震災

２０１１年3月11日の東日本大震災からおよそ6ヶ月後の9月19日、著者の1人（丸山）は石巻市と女川町を訪れた。石巻港を見下ろす小高い丘、日和が丘から見る光景は、忘れられないものとなった。震災から半年が経つにもかかわらず、そこにあるのは、道路の断片によって区画分けはされているものの、建物のほとんどない、荒廃した土地であった。津波で流されなかった数少ない建物、４５０人の命を救った石巻市立病院も、建物は一見しっかり建っているようだが、よく見ると1階部分が破壊され、機能していないのが明らかだった。全校児童１０８人の7割に当たる74人が死亡、行方不明となった大川小学校では、２人の子供を亡くした母親が花を手向け、祈っていた。もともと豊かな穀倉地帯だったであろう仙台平野の海沿いでは、一面の荒れ地の中に、津波で打ち上げられ、錆だらけになった漁船が放置されていた。

だが、同時に目にしたのは、これだけの災害にも関わらず、その中で日常の営みを続けている人々の姿であった。多くの場所では、重機が壊れた建物を取り除き、新たな建築の礎を築いていた。1階が泥に埋まってしまった商店でも、2階では通常の営業をしているようだった。女川町では、町の中心部には人気がなかったが、少し山側に入った仮設住宅では人々の生活の音がした。

たとえ多くのものを失ったとしても、それを乗り越えて生き続ける力とはどういうものなのだろうか。個人やコミュニティや、あるいはもっと大きな都市や国の単位でも、大きな災厄を乗り越えてたくましく生き残り続けるものがある。あるいは、企業のような組織体においても、多くのビジネス上の困難を乗り越えて成長する企業もあれば、吸収合併されたり破綻したりして、消えていく企業もある。人工物であっても、幾多の困難を乗り越えて地球に帰還した探査機「はやぶさ」のように成功するものもあれば、そうでないものもある。さまざまな擾乱を乗り越えられるようなシステム、それがコミュニティであれ、組織であれ、あるいは工学的なシステムであれ、それらの中には、システムを生き残らせるような共通の性質があるだろうか。

レジリエンスとは、環境の大きな変化に対して、一時的に機能を失ったとしても柔軟に回復できる能力を指す概念である。生物、生態系、国家や企業などの社会システム、人間の心理など、レジリエントな性質を持つシステムは多くある。私たちは、これら多様な分野におけるレジリエンスを調べることによって、レジリエントなシステムを構築・運用するための共通な知識体系を構築することを目標に、大学共同利用機関法人 情報・システム研究機構の中に、新たに領域横断型研究プロジェクト「システムズ・レジリエンス」を立ち上げた。本書は、このプロジェクトの中で得られた知見を多くの人々と共有したい、という思いを形にしたものである。

1.2 「想定外」とは何か

東日本大震災とそれに続く福島第一原子力発電所の事故においては、**「想定外」**という言葉が多く使われた。私たちの社会が持続可能なものであるためには、さまざまな外界の事象に柔軟に対応していかなければならない。それらの事象の中には、想定されていたものも、想定されていなかったものもあるだろう。そもそも「想定外」とは何だろうか？　そのような事象に対して、私たちはどのような備えをすればよいだろうか？

福島第一原子力発電所の設計の中でも、当然、地震とそれに伴う津波は想定されていた。ただし、そこで想定されていた津波の高さは5・7mであったという。3月11日に実際に福島第一原発を襲った津波の高さは14mだった。それでは、14mの高さの津波は予見できたのだろうか？　予見できたとすれば、防潮堤を14mの高さにしておけばよかったのだろうか？　14mの防潮堤を構築したとして、将来に渡り、それ以上の津波が来ないことは保証できるのだろうか？

岩手県下閉伊郡の田老町は、防災の町として全国的によく知られていた。三陸海岸にあるこの町は、津波に対する備えの重要性をよく知っていて、総延長2・4㎞にも及ぶ、高さ10mの防潮堤を45年かけて築いた。1960年5月23日に発生したチリ地震では、地球の反対側の三陸海岸まで最大8mの津波が押し寄せ、岩手県大船渡市や宮城県志津川町では多くの犠牲者が出たが、田老町では被害がほとんど出なかった。しかし、2011年の東日本大震災では、この防潮堤も押し寄せる津波によって一瞬にして崩壊し、多くの被害が出た。

歴史をたどると、三陸海岸には過去にも大きな津波が来たことがわかっている。図1・1は、1896年（明治29年）6月15日に起きた明治三陸地震と、1933年（昭和8年）3月3日に起きた昭和三陸地震とで生じた津波の遡上高を示したものである。明治三陸地震では、震度は小さかったが、大きな津波が発生した。2万人を超える死者・行方不明者を出したほか、津波の遡上高は38・2mを記録した。もっと過去をたどれば、平安時代前期の869年7月9日に三陸沖で発生した貞観地震は、マグニチュード8・3以上であったと見積もられているし、それに伴う津波の被

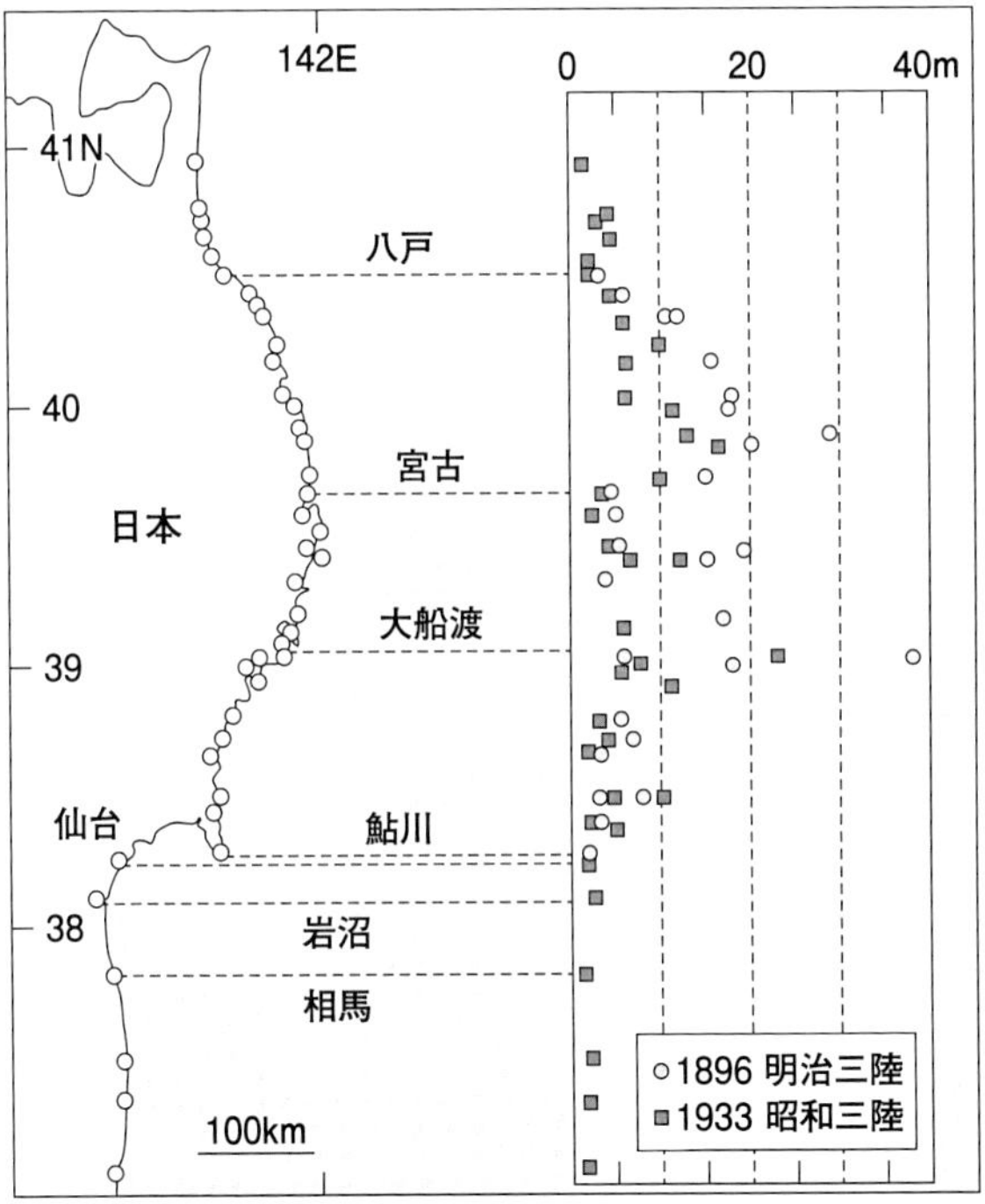

図 1.1　明治三陸津波と昭和三陸津波の遡上高[1]

1　佐竹健治：東北地方太平洋沖地震の津波について：過去の津波との比較も含めて、「緊急報告会―東日本大震災への対応」配布資料、防災科学技術研究所、２０１１
http://www.bosai.go.jp/event/2011/pdf/20110417_03.pdf
羽鳥徳太郎：岩手県沿岸における慶長（１６１１）三陸津波の調査、『歴史地震』、第11号、pp.55-66, 1995.

害も甚大であったと考えられている。

　したがって、大地震や津波は、決して「想定外」ではない。歴史上で何度も経験したことのあることだ。問題は、「自分たちが生きている間（あるいは自分たちが気にする間）に起きるかどうか」である。つまり、頻度が問題になっているのである。では、大地震はどのくらいの頻度で起きるのだろうか？　地震については、**グーテンベルグ・リヒター則**という関係が知られている。たとえば図1・2は、米国の南東部、ニューマドリッド地震帯における地震のマグニチュードと頻度をプロットしたグラフである。横軸に地震のマグニチュード、縦軸に頻度がプロットされている。ここで注意してほしいのは、横軸と縦軸がそれぞれ対数のグラフになっていることだ。横軸はマグニチュードだが、これは地震が解放するエネルギーの対数である。縦軸は1年あたりの地震の回数の対数である。このようにプロットすると、見事に直線に乗ることがわかるだろう。

　このグラフの意味するものは何だろうか？　このグラフからは、マグニチュード3クラスの地震が起きるのは10の0・8乗回くらい、すなわち年に6回くらいだということが読み取れる。マグニチュード6クラスであれば、10のマイナス2乗回くらい、すなわち、１００年に1回くらいだ。データがあるのはここまでなので、これ以上の地震についてはわからない。だが、この直線の傾向がさらにグラフの右下のほうまで続くとしたらどうだろうか。東日本大震災を引き起こした東北地方太平洋沖地震と同じくらい、つまりマグニチュード9・0クラスの地震の頻度は、このグラフの直線を延ばせば、対数目盛りでマイナス4・8くらいになるだろう。それはおよそ6万年に1回、という数字になる。6万年に1回しか起きないことは、事実上起きない、と思ってよいのだろうか。それとも、起きる可能性があると思って準備しておかなければならないのだろうか。

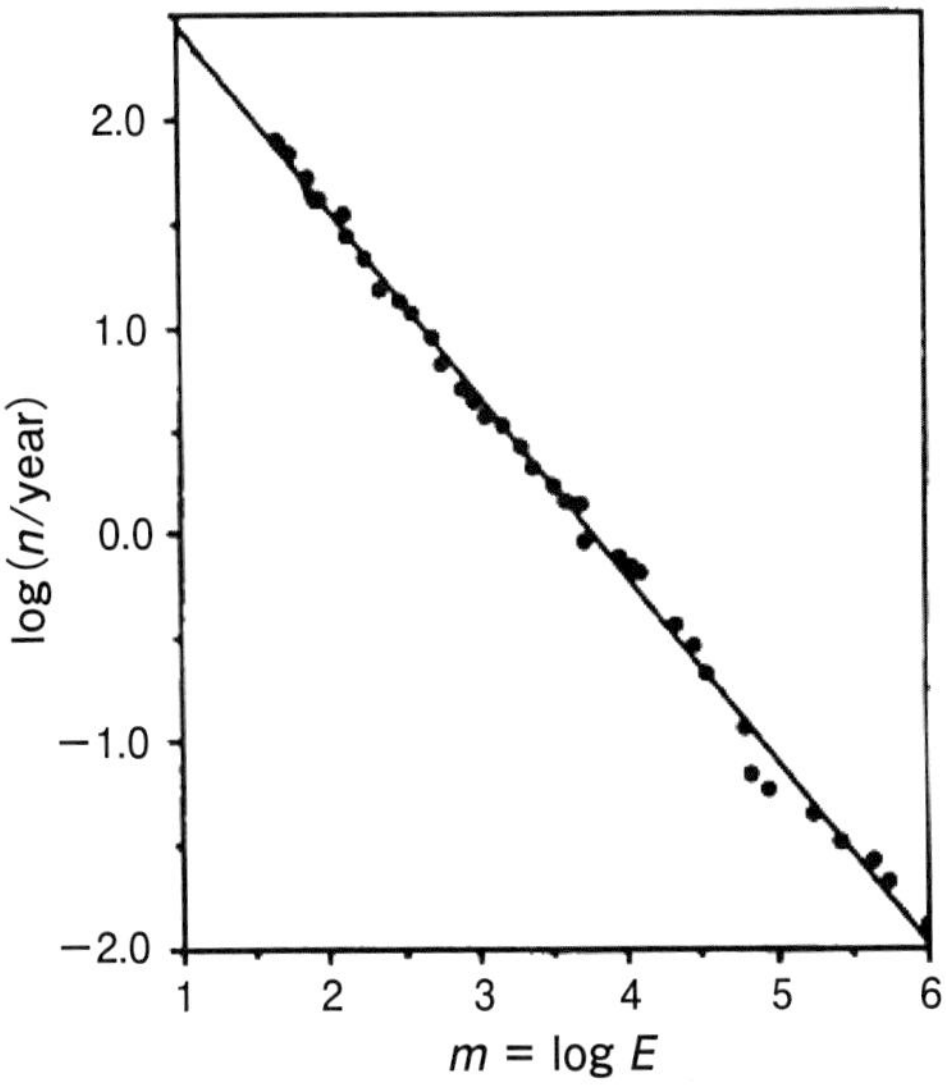

図 1.2 ニューマドリッド地震帯における地震のマグニチュードと頻度の関連[2]

2 P. Bak and M. Paczuski: Distribution of earthquakes in the New Madrid zone in the southeastern United States during the period 1974–1983, collected by Johnson and Nava, *Proc. Natl. Acad. Sci. USA*, Vol.92, 1995.

このように、両対数グラフにプロットすると直線になるような頻度分布を、**ベキ分布**と言う。このようなベキ分布はどのようなメカニズムで現れるのだろうか。1987年、物理学の論文誌である*Physical Review Letters* 誌に、**自己組織的臨界(self-organized criticality)**という概念を提唱する論文が掲載された。[3] ここで提案されたモデルは、**砂山モデル**と呼ばれる(図1・3)。砂を1粒ずつ落としていって砂山を作るとしよう。砂山はだんだん高くなっていくが、ときどき崩れてその裾野は広がっていく。小さな崩れもあるし、ある1粒がきっかけになって山全体が雪崩のように崩れる場合もある。

簡単のため、砂山をある一方向だけの1次元で表現してみよう。さらに、山の右側の斜面だけに注目することにする。この砂山では、隣との高さの差が2を超えると、砂が隣へ落ちていくとする。図1・4(a)では、グレーの部分の砂粒が、隣との高さの差が2を超えたので、右隣りに落ちていく。

さて、それでは図1・4(b)のように、山が高さの差が1ずつ減るようなきれいな傾斜を作っているとしよう。この状態で新たな砂粒(図ではグレーで示している)を山頂に積むと、何が起きるだろうか。山頂とその右隣の高さの差が2になり、山頂の砂粒が右隣に落ちる。そうすると、そこと次の右隣との差がまた2になってしまうので、これまた右隣に落ちる。このようにして、次々と裾野まで落ちていく。これが雪崩現象である。Bakらはこの論文で、このような簡単なモデルにおける雪崩の大きさと頻度が、図1・5のようにベキ分布になることを示した。

このモデルが示唆することの一つは「時間とともにストレスが溜まっていくシステムは、いずれ自己崩壊する」ということである。地震は、地殻を構成するプレートが移動してひずみが溜まるた

3 P. Bak, C. Tang and K. Wiesenfeld: Self-organized criticality: an explanation of 1/f noise, *Physical Review Letters* 59 (4): pp.381-384, 1987.

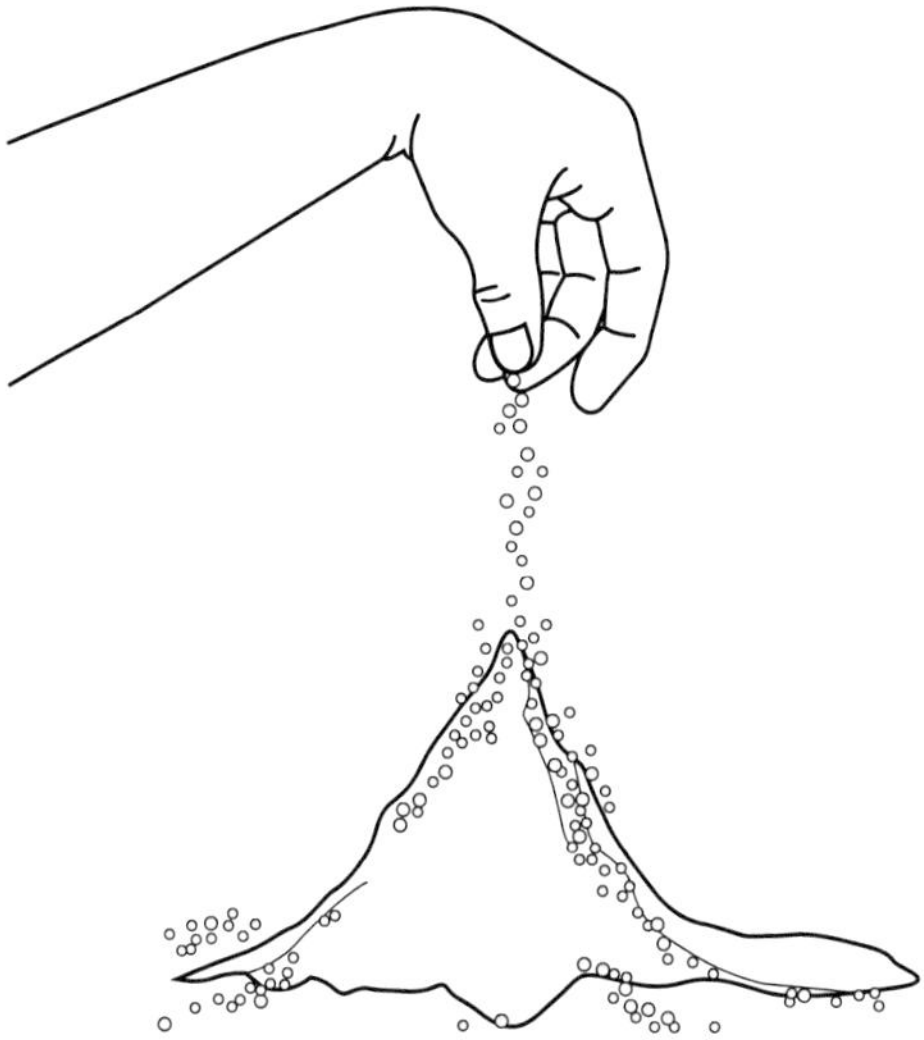

図 1.3　砂山モデル

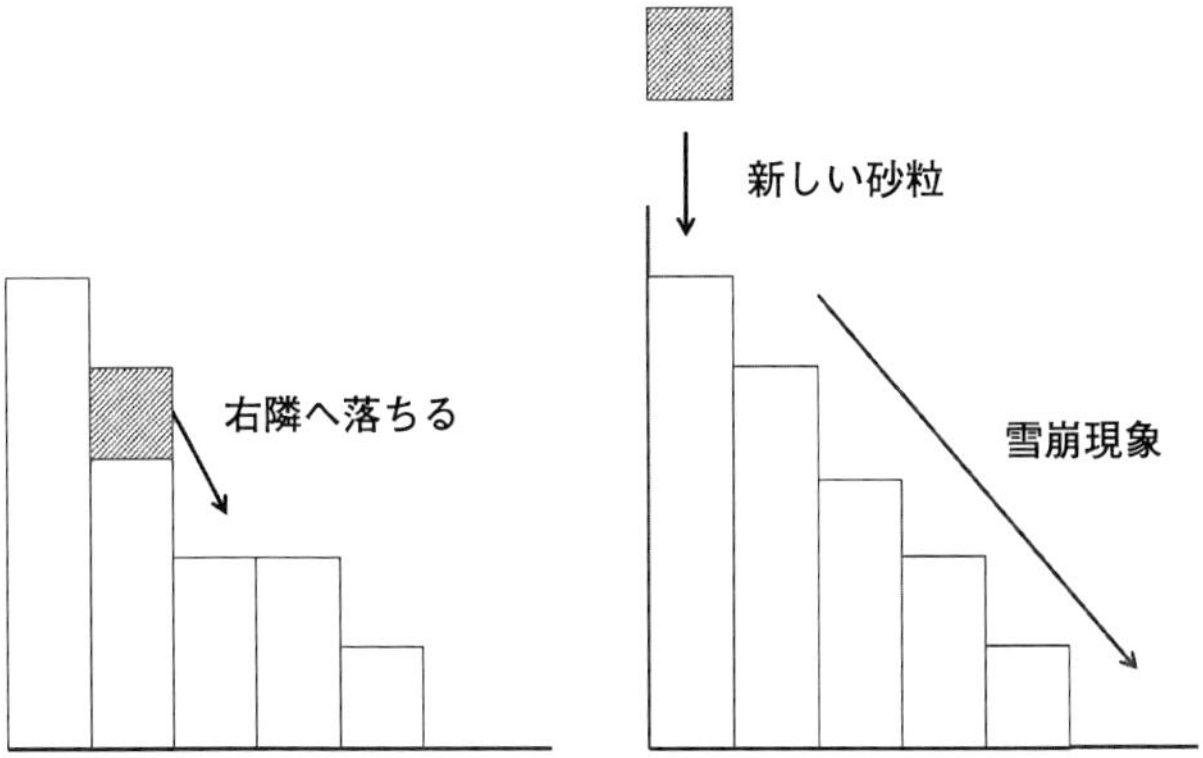

(a)1 つ隣へ落ちる砂粒　(b)臨界状態での新たな砂粒

図 1.4　砂山モデルにおける雪崩現象

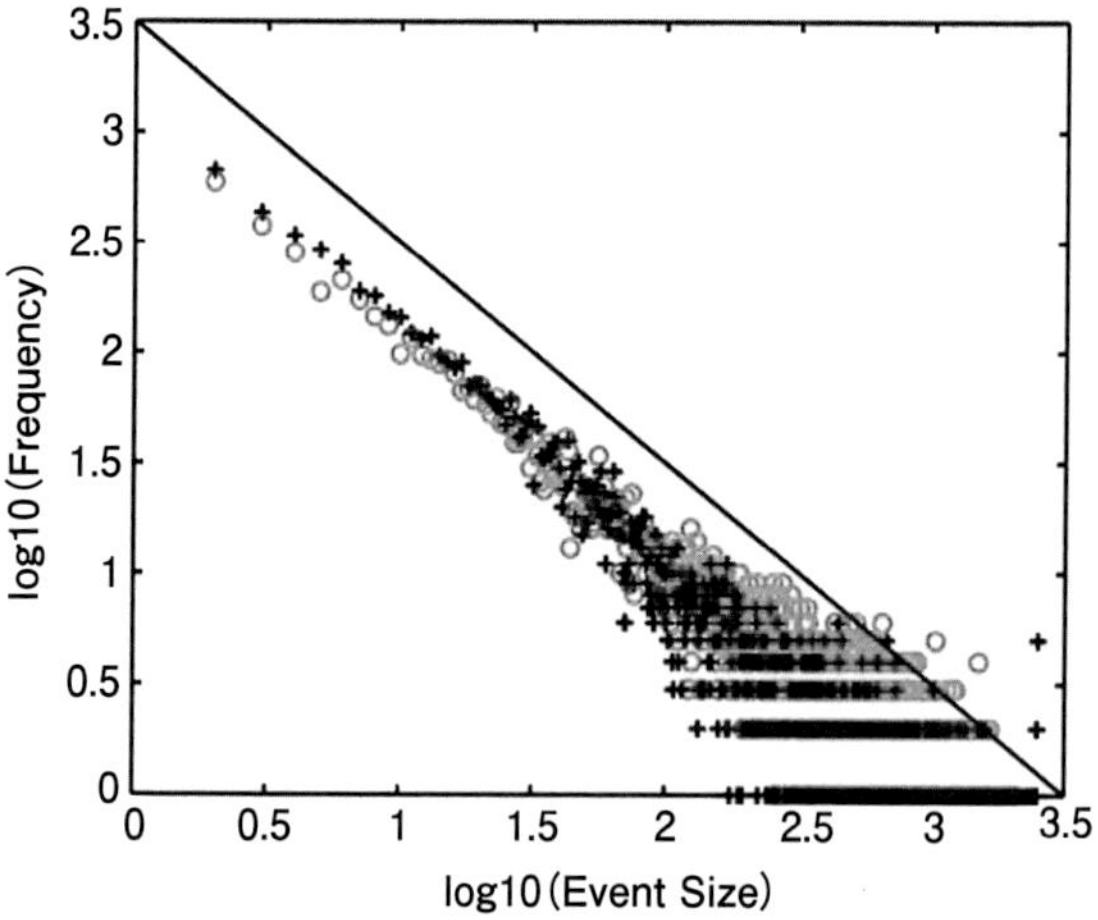

図 1.5　砂山モデルにおける雪崩の大きさと頻度[3]

めに、そのエネルギーを解放することによって起きると考えられている。砂山は、裾野がその高さを支えられなくなったときに雪崩を起こす。私たちの社会の中でも、ますます複雑化する社会の仕組みがストレスを蓄積することがある。複雑系科学の先駆者の一人であるジョン・キャスティは、インターネットの崩壊や核戦争など、複雑化するシステムが崩壊することによって起きうるさまざまな巨大事象を「Xイベント」と呼んで議論している。[4]

　このような「想定外」が避けられないものであるのならば、私たちはそれらに対して無防備なのだろうか。私たちがここで考えたいのは、レジリエンスという考え方である。

1.3 レジリエンス

「レジリエンス」は、一般の方にはなかなか馴染みのない言葉だろう。英語の“resilient”という形容詞は、ゴムのように弾力があり、何か外力が与えられても元の形に戻るような性質を指す。resilient の反対語はおそらく、“brittle”だろう。この言葉は、煉瓦のように固いけれど脆い性質を指す。

　東京大学工学系研究科の教授たちは、２０１１年の東日本大震災後に緊急工学ビジョン・ワーキンググループを作り、私たちの工学的な考え方が本当に正しかったのかについて考え、「震災後の工学は何をめざすのか」というビジョンペーパーを発表した。[5] その中で、「今回のような震災に立ち向かうためには、災禍の損害から早期の機能回復が可能な技術社会システムを実現するための、

4 John Casti: *X-Events: Complexity Overload and the Collapse of Everything*, William Morrow Paperbacks, 2013.（藤井清美訳：『Xイベント—複雑性の罠が世界を崩壊させる』、朝日新聞出版、２０１３）

5 震災後の工学は何をめざすのか http://www.t.u-tokyo.ac.jp/epage/topics/pdf/vision.pdf

レジリアンス工学とも呼ぶべき新分野を確立しなければなりません」と述べている。

津波に対して防潮堤を設けるように、今までの工学では、外乱があっても壊れないシステムを作ることに注力しがちであった。しかし、なかなか壊れないシステムは、往々にしてbrittle、すなわち壊れる時には致命的に壊れてしまうものだ。どんなに頑張っても耐えられないような大きな外乱もあり得るとするならば、壊れてしまう可能性は認めたうえで、たとえ一部が壊れたとしても、そこからしなやかに立ち直り、機能を回復するようなシステムを考えるべきなのではないか。私たちは壊れないシステムにこだわるあまりに、レジリエントなシステムに関する研究開発をおろそかにしてきたのではないだろうか。

レジリエンスという言葉が、「ゴムの形が元に戻る」という物理的な意味ではなく、抽象的な意味で使われるのは、実はこれが初めてではない。レジリエンスという概念は、心理学と生態学でそれぞれよく知られた概念である。

心理学の世界では、1970年頃に、極度の貧困などのストレスにさらされた子供たちの中に、それでもそのストレスを克服して社会的に成功する者もいれば、そのストレスから抜け出せずに非行に走る者もいることから、前者をレジリエントな心と捉えてそのメカニズムを研究することが行われた。生態学の世界では、自然災害や、鉱山開発などの人為的な行為によって破壊された生態系が、時間と共にどのように回復するか、そのメカニズムは何か、ということが研究されている。

近年になって、レジリエンスは機械工学、交通工学、都市工学、計算機科学などさまざまな工学分野、あるいは企業経営や政策科学などの社会学の分野でも多く語られるようになってきた。いずれも、大きな擾乱を受けてダメージを受けたシステムがいかに柔軟に回復できるか、を議論するものである。

1.4 システムズ・レジリエンスプロジェクト

情報・システム研究機構は文部科学省の研究機関であり、傘下に国立情報学研究所、統計数理研究所、国立極地研究所、国立遺伝学研究所の４つの研究所を持つ、ユニークな組織である。２０１１年5月に、機構長の北川は、その前月の４月に統計数理研究所に採用されたばかりの丸山に対して、「防災ではなく、減災に関して何が貢献できるか、検討せよ」という指示を出した。丸山のバックグラウンドは情報システムであり、その意味では、情報技術がどのように減災に使えるかを考えるのがストレートだったかもしれない。しかし当時、多くの情報技術の研究者が、Twitterを使った避難経路の分析や、カーナビ情報を使った道路状況の把握などのアプリケーション研究に取り組んでいた。

丸山は、情報・システム研究機構の成り立ちから考えて、技術で減災に取り組むというよりは、「そもそもしなやかに生き残るシステムとは何か」という根源的な問いに、科学者の立場で取り組むことが必要ではないかと考えた。情報・システム研究機構には、新領域融合研究センターという分野横断型プロジェクトの仕組みがあり、４つの研究所をまたがる研究を行いやすい環境にあった。

生命が地球上に現れたのはおそらく40億年くらい前のことである。現在地球上に存在する生命

丸山　宏（統計数理研究所 モデリング研究系教授）

1983年に東京工業大学の修士課程を修了。26年間に渡って、日本アイ・ビー・エム東京基礎研究所で情報技術の研究開発に従事。2006–2009年、同東京基礎研究所所長。

その後、キヤノン株式会社デジタルプラットフォーム開発本部副本部長を経て、2011年4月より現職。主な著書に『XML and Java: Developing Web Applications』(Addison–Wesley)、『企業の研究者を目指す皆さんへ』『データサイエンティスト・ハンドブック』（共に近代科学社）がある。趣味はサイクリングと山歩き。

は、私たち人類も含めて、すべてこの40億年の歴史を生き延びてきたものたちである。その意味では、生命、あるいは生命を擁するシステムである生態系は、私たちが知る最もレジリエントなシステムの一つであるといえる。生命のメカニズムを遺伝子レベルで研究する国立遺伝学研究所の研究者や、南極の生態系の仕組みを研究する国立極地研究所の研究者と、数理モデルや工学的な仕組みに強い国立情報学研究所や統計数理研究所の研究者が共同すれば、レジリエントなシステムについての本質的な知見が得られるのではないだろうか。そのような思いで、この領域横断型プロジェクト「システムズ・レジリエンス」が立ち上がった。

　レジリエンスはさまざまな分野で語られるテーマである。だとすれば、その中の共通な性質を見つけることによって、システムをレジリエントに設計・運用するための指針が見つけられるのではないか、というのが私たちの仮説である。そこで、科学の伝統に従い、この仮説に対して2つのアプローチを取った。一つは観察に基づくアプローチである。生物や天体を観察し分類するのと同様、レジリエントだとされるシステムを集め、それらを分類・体系化することによって、共通の性質に迫ろうというものである。これについては、本書の第2章と第3章で述べる。もう一つは理論科学のアプローチである。数理的なモデルを仮定し、もしその仮定が成り立つのであれば、どのような性質を導けるのかを考える。これについては第4章で述べる。第5章では、それらの知見を踏まえ、その上でのチャレンジと将来の展望について考えたい。

第2章　レジリエンスの分類学

レジリエンスは文脈に依存する概念である。一口に、あるシステムがレジリエントである、と言ったとしても、それがどういう擾乱に対してなのか、対象とするシステムは何か、どのステークホルダの観点からなのかなど、さまざまな状況によって見方が変わる。したがって私たちは、まずレジリエンスの文脈を定義しなければならない。レジリエンスに関する多くの先行研究を調査した結果、私たちは、レジリエンスの文脈は少なくとも①擾乱《じょうらん》のタイプ、②対象とするシステム、③回復のタイプの３つの軸から整理することができると考えている。それらについて、以下に見ていこう。

2.1 擾乱のタイプ

システムの正常な機能に影響を与える要因にはさまざまなものがあり、さまざまな言葉で表現される。自然災害のようなものは、ハザード（hazard）と呼ばれることが多い。セキュリティの世界では、脅威（threat）と呼ぶ。また、気候変動のようにゆっくりと起こる要因に対しては、ストレス（stress）という言葉が使われる。いずれもシステムの存続に関して負の影響を与えるものであり、本書ではまとめて**擾乱**（perturbation）と呼ぶことにする。

本来、システムをレジリエントにしたいという場合、どんな擾乱が来ても生き残るようにしたい、と考えることだろう。どんな擾乱に対してもレジリエントなシステムは理想だが、実際には、特定のシナリオを想定して対策を取ることも多い。大切なことは、さまざまな脅威の可能性を幅広く認識したうえで、その中で優先順位をつけて対応することである。そのためには、どのような擾乱のタイプがあり得るのかを整理する枠組みがあるとよい。

人為性の有無

擾乱には、地震・台風・津波などの自然災害のように「意図を持たないもの」と、サイバー攻撃・テロ・戦争など、攻撃者による「意図的なもの」とがある。意図を持たない擾乱は、システムの状態や目的に関わらず、一定の確率分布によってランダムに生じると考えられる。一方、意図的な攻撃は、その目的に従って、システムの最も脆弱な点を突くなど創造的かつ最適化されたものとなる。この場合は、システムを守る観点だけでなく、相手の意図を把握したり、相手の意図をくじくなどの対策も必要である。

地球温暖化はどうだろうか？　国立環境研究所の山形は、地球温暖化リスク管理に取り組んでいる研究者である。地球温暖化によって増大している水害・熱波などの異常気象や長期的な海面上昇が、高リスク地域に人口やインフラが集中している東京などの巨大都市のレジリエンスに対する重大な脅威となると考え、将来の土地利用シナリオを構築して研究してきた。

最新の気候変動に関する政府間パネル（ＩＰＣＣ）の第５次評価報告書によれば、地球温暖化の原因は人為的なCO_2等の温室効果ガス排出であることを「疑う余地はない」。地球温暖化という、脅威は、人為的な影響が地球大気システム全体に及びコントロールが効かなくなりつつあるという新たなタイプのリスクである。もはや地球全体において自然活動と人間影響を分離できないという意味で、アンソロポシーンという地質学的時代が始まったという概念が生まれつつある。

山形与志樹（国立環境研究所 地球環境研究センター 主席研究員、統計数理研究所客員教授）

1961年、神奈川県生まれ。東京大学教養学部広域科学科卒業（学術博士）。国立環境研究所において、主任研究員、総合研究官等を経て、現在、地球環境研究センター主席研究員として、地球温暖化リスク評価研究プロジェクトに取り組む。この間、東京大学・北海道大学・筑波大学非常勤講師、IPCC「土地利用・土地利用変化および森林」主任執筆者、国際科学会議GCP科学推進委員、日本学術会議連携会員、文部科学省、環境省検討会委員、*Climate Policy*、*Applied Energy* 誌編集委員等を務める。

専門は、応用システム分析、リモートセンシング、土地利用分野での温暖化対策、国際レジーム分析など。

そのため、地球システム攪乱の原因である人為的活動をコントロールして、システム破局を防ぐためのリスク管理が必要となっている。リスク管理の手段としては、CO_2排出量を減らす等、リスク原因を小さくすることで、カタストロフの発生確率や規模の大きさを軽減することがまず重要である。そして、そのようなリスクがもはや避けられないという状況下で、どのように適応を実現するかも重要になってきている。山形は近年、コンパクトシティーなどの都市の土地利用政策によって、温室効果ガスの排出削減や、水害や熱波の温暖化影響に対してよりレジリエントなまちづくりに貢献できるかどうかの研究に取り組んでいる。将来の望ましい都市の「かたち」がわかれば、地球温暖化の脅威を軽減しつつ持続可能な発展につなげることができるかもしれないと考えている。[1]

頻度

攪乱には、高頻度で起きるものもあれば、極めて稀なものもある。ＷＨＯによれば、２０１０年には全世界で１２４万人が交通事故で死亡したという。交通事故は被害者にとって致命的な脅威であり、これだけ高い頻度で起きるからには、何らかの対策を施さなければならない。一方、１０００メガトンクラスのエネルギーを持つ隕石衝突は、１万年から10万年に1度の頻度で起きると考えられている。このように極めて稀な事象に対して備えることは、コスト的に合わないかもしれない。経済学者の竹内啓は、極めて稀な事象については起こらないものと仮定し、万が一起きてしまった場合には、その不幸を社会で再分配せよ、と述べている。[2] 私たちには、このような場合は、リスクを認識した上であえて対策をしない、という選択もありうるだろう。

1　山形与志樹ら：土地利用モデルを用いた東京都市圏の土地利用シナリオ分析、『環境科学会誌』24、pp.169-179, 2011.
Y. Yamagata, H. Seya: Simulating a future smart city, An integrated land use-energy model, *Applied Energy*, 112, pp.1466-1474, 2013.

2　竹内 啓：『偶然とは何か―その積極的意味』、岩波書店、２０１０

予測可能性

擾乱には、その発生を予測できるものがある。たとえば、近年では台風の進路はかなりの精度で予測できる。台風の上陸地点が予測できれば、水害が予測される地域から事前に避難することができる。一方、地震については、長期的な時間軸において統計的な予測はできるが、特定の大規模地震の時刻と規模を事前に予測することは難しい。このような場合、レジリエンス戦略の主眼は、予測に基づく事前準備ではなく、事象発生後の緊急対応と回復に充てられることになるだろう。

継続時間

擾乱は、その発生から終了までの継続時間に多くのバリエーションがある。たとえば落雷は、その発生から終了までが極めて短時間であり、その間に何か対応できる可能性は小さい。一方、地球温暖化のような擾乱は、その継続時間が極めて長い。事象の継続時間が長ければ、その発生を検出して対応することは、有効なレジリエンス戦略となる。

この事象継続時間は、絶対的な長さではなく、対応スピードとの相対的な長さであることに注意する必要がある。地震は比較的継続時間が短い事象だが、それでも震源における地震発生から対象となる地域に地震波が達するまでには、距離に応じて数秒から数分の時間差がある。2011年3月11日午後2時46分、東北新幹線では27本の列車が運行していた。JR東日本では男鹿半島金華山に設置した地震計が地震の発生をいち早くキャッチし、それに基づいてすべての列車を緊急停止させた。この結果、けが人が1人も出なかった。地震のように急激に変化する事象でも、それに負けないスピードで対応すれば間に合うこともあるのだ。

内部性

自然災害や意図的な攻撃などの擾乱は、システムの外部からやって来る。一方、システムの内部から発生する脅威もある。第1章で「複雑化するシステムは自己崩壊する」という性質について述べた。２００８年に発生した金融危機は、典型的な内部崩壊の例である。サブプライムローン、クレジット・デフォルト・スワップ（ＣＤＳ）などの金融商品が複雑に絡み合い、その結果、システム全体のリスクが正しく判断できなくなってきていた。そこへ住宅価格の下落が引き金となって、金融システム全体に信用リスクが広がったのである。

複雑なシステムについては、**Boniniのパラドックス**として知られる「システムが複雑になればなるほど、そのシステムは理解できないものになってしまう」という法則がある。同様に、サイバネティクスの研究者であるRoss Ashbyによる**必要バラエティの法則（The Law of Requisite Variety）**という法則があり、これは「システムを安定に制御するためには、そのシステムの状態数と同じかそれ以上の状態数が、制御する側に必要である」ということを述べたものである。どちらも、複雑なシステムを御することがいかに難しいかを端的に表していると言えよう。

近接誤差

以上、さまざまな擾乱のタイプについて考えてきたが、レジリエンスを考える際には、どの擾乱を優先的に考えるかが、常に難しい問題となる。擾乱のタイプの議論を締めくくるにあたり、認知バイアスの一つである近接誤差について触れておこう。震災後半年の２０１１年9月に仙台市役所の方と会話する機会があった。その際に「今後の災害対策としてどのようなタイプの脅威をお考えですか」とお聞きしたところ、「今回と同じ規模の地震・津波を想定して対策をすることだけで精一杯です」というお答えであった。確かに、震災の記憶は新しく、それに対して対策することは多くの住民の理解を得やすいであろう。このような、直前の記憶に強く影響される心の動きを、**近接誤差（recency bias）**と呼ぶ。だが、直近の記憶にとらわれて、他の擾乱を見過ごすのは危険である。

２０１１年の3月までは、多くの自治体にとっての危機管理の関心事はインフルエンザの大流行（**パンデミック**）[3]であった。それを遡る２００９年4月に、メキシコで、もともと豚の間で流行していたインフルエンザウイルスがヒトにも感染し始め、同年6月には世界保健機構（ＷＨＯ）は警戒水準をフェーズ6に引き上げた。全世界合計で９９３３名が死亡し、日本でも78名がこの新型インフルエンザで亡くなったとされている。しかし、このパンデミックは最悪の例ではない。今を遡ることおよそ１００年前、１９１８年から１９１９年にかけて流行したスペイン風邪は、全世界で約5億人が感染し、死者は５０００万人から1億人と推定されている。日本でも、38万人がこのスペイン風邪で亡くなった。およそ2万人の死者・行方不明者を出した東日本大震災は巨大な災害であったが、スペイン風邪の犠牲者はそれより1桁大きい数である。現在は１９１８年当時と比べて医療や感染対策は発達しているが、一方で年間延べ１０００万人を超える海外渡航者がいることなどから、グローバルなパンデミックの危険性はむしろ高まっているといえよう。

直近の記憶に惑わされず、冷静にリスクを見極めたいものだ。

3　甚大な被害をもたらす、広域な大流行感染症。

2.2 対象システム

レジリエンス分類学の2つ目の軸は、対象となるシステムそのものである。守りたいシステムはどんなシステムなのだろうか。レジリエンスの戦略を考える上で、把握しておかねばならないシステムの性質とは、どのようなものだろうか。

対象領域

一口にシステムといっても、さまざまな領域のものがある。生態系であったり、原子力発電所や航空機のような工学的なシステムであったり、経済や金融のシステム、あるいは、電力や水道のような都市インフラ、企業や組織、コミュニティや都市などの社会も、レジリエントにしたい対象システムとして考えることができる。

レジリエンスを考える上で、対象領域を理解することはとても重要である。対象領域によって、その分野の常識、専門家が使うボキャブラリなどが大きく異なるからだ。レジリエンスという概念ですら、分野によっては違う言葉で表現されることがある。生物学の世界では、**ロバスト性（robustness）**という言葉が使われることが多い。工学系では、**信頼性（reliability）**や**ディペンダビリティ（dependability）**という概念が、レジリエンスと一部重なる概念と言える。

システムの粒度と境界（スコープ）

レジリエンスを語るときに、個別の個体を対象とするのか、個体の集合を対象として考えるのかで、粒度の差がある。心理学におけるレジリエンスでは、個人の心がいかに精神的外傷から回復するかについて考える。一方、社会におけるレジリエンスでは、個人の生存も重要であるが、社会全体の存続が主眼となる。生態学におけるレジリエンスでは、系が多数の種からなり、そのうちのいくつかの種が滅亡しても、系全体が存続すればそれはレジリエントな生態系と考えるのが一般的である。

原子力発電所や航空機のような工学的なシステムにおいては、システムの境界は比較的はっきりしていると言えよう。企業の在庫管理システムなど、ネットワークで他の多くのシステムと接続された情報システムの構築においても、**責任分界点**という概念があり、業者が責任を負う範囲ははっきりしている。ただし、これらのシステムが正常に機能するためには、他のシステムに依存することも認識しなければならない。航空機の場合、その正常な運用には、空港、管制システム、燃料、乗員などのさまざまな要因が絡み合っている。航空機がレジリエントであるということの意味は、設計通りの機能を果たすという工学的な意味なのか、旅客を安全にA地点からB地点まで輸送するという社会的価値を含めた意味なのかによって、大きく異なる。したがって、レジリエンスを語るためには、その**境界（スコープ）**を明確にしなければならない。

さらに物事をややこしくするのが、**ステークホルダ**の存在である。ステークホルダという言葉は、日本語では「利害関係者」と訳されることが多いようだが、要するに「そのシステムに何らかの関連を持つ人」という意味だ。たとえば航空機の場合、乗客、乗員、整備担当者、管制官、あるいはその航空会社の経営者、株主などもステークホルダと言える。ある航空機に故障が起こり、それを修理することは技術的にまったく問題はないのだが、経営者が「この飛行機はもうダメだ」と考えたとしたらどうだろうか。その判断は多分に主観的なものかもしれないが、にも関わらず、その航空機は存続の道を閉ざされるだろう。

災害においても同様である。災害で大きな被害を受けても、住民がそれを受け入れ、以前と違う生活でもそれをポジティブに考えて生活すれば、それはレジリエントな社会だと言えよう。一方、政府による支援を十分に受けて、道路やインフラなどが機能的には復興した自治体であっても、住民がその土地に住むことを諦めてしまえば、レジリエントであるとは言えない。このように、システムの客観的な機能だけではなく、それをステークホルダが主観的にどのように受け止めるかということが、レジリエンスの観点では重要である。

このように、レジリエントなシステムを考えるときには、その粒度、スコープ、ステークホルダを総合的に考えなければならない。さらに、このスコープの考え方は、実際に擾乱が起きた時には、その定義を見直す必要があるかもしれない。この観点については、本書の後半でさらに詳しく述べる。

自律 vs 管理

生物や生態系などのシステムは、擾乱に対する回復のメカニズムを内在的に持ち、自律的にレジリエントだと言える。地球上の生物はおよそ40億年前に発生し、その後何度も絶滅の危機に瀕したが、今でもその子孫は存続している。自律的なシステムをレジリエントにするためには、設計時にその自律性を組み込んでおくしかない。一度システムの運用が始まってしまえば、後は設計者の意図が介入する余地がないからである。

人工物にも、自律性が強く求められるシステムがある。典型的な例は、深宇宙の無人探査機だ。無人探査機は、部品が壊れてもその場に行って交換することができない。また、何か異常事態が起きた場合に、地上からの指令で対応するには、電波の到達時間の遅れがある。だから無人探査機は、擾乱に対してできるだけ自律的に対応できるようにプログラムされている。

また、擾乱のタイプによっては、人間の介入が間に合わないようなシステムもある。電力網に対する落雷などはその例であり、ある部分の機能が失われた場合、自動的にバックアップのシステムに切り替わることによって、自律的なレジリエンスを達成する。

一方、社会システムや企業などは、その維持に人間の知的作業による介入が強く関わっている。このようなシステムにおいては、異常事態に対する訓練を行ったり、環境変化に対するマネジメント機能を整備したりすることが重要である。

機能（目的関数）

システムがレジリエントかどうかを考えるとき、そのシステムにとって「望ましい状態」とは何かということを明確にしておく必要がある。擾乱の後、そのシステムが「望ましい状態」に戻れば、そのシステムはレジリエントであったと考えられるからである。この「望ましさ」を定量化できると仮定し、それを測るモノサシを、そのシステムの**目的関数**と呼ぶことにする。

あるシステムは、比較的明確にその目的関数を持っている。たとえば企業の業績は、売上高や利益など、少数の明確に定義された指標で評価できる。一方、社会コミュニティのように、多数のステークホルダがいて、システム全体の目的関数がはっきりしない場合もある。

さらに、先に述べたように、そもそも「望ましさ」がステークホルダの主観によって決まるような場合は、目的関数という概念そのものに難しさがある。にもかかわらず、レジリエンスを考える上では、何らかの形で「望ましさ」を測らねばならない。

目的関数が比較的はっきりしている場合においても、システムの「望ましさ」に、「今望ましい」に加えて「将来も望ましい」という要素が入ってくるとさらにややこしくなる。たとえばここに、毎年コンスタントに10億円の利益を上げている企業があるとしよう。あるとき金融危機が起きて、業績が急激に悪くなった。このまま行くと、今年の利益は例年の半分の5億円にしかならない。ただし、主力工場の更新に計上していた5億円の出費を抑えれば、今年の利益10億円を確保することはできそうだ。では、今年の業績を回復するために、工場の更新を先延ばしにするべきだろうか。この判断は、今年の利益のために将来の利益をどのくらい犠牲にできるかということに依存する。

簡単のために、今年の10億円と来年の10億円のどちらが望ましいかを考えてみよう。来年には何が起きるかわからないから、今年の10億円のほうが大事だろう。では、今年の10億円と来年の11億円だったらどうだろうか。あるいは来年の12億円だったら？　それならば、今年の10億円と同じくらい望ましいかもしれない。このように将来の利益を割り引いて考えることを、**時間割引率**という。システムの目的関数を考える際には、この時間割引率を考慮に入れて、将来にわたる「望ましさ」を考える必要がある。

少し脱線になるが、時間割引率については、「マシュマロ実験」という呼び名で知られる、面白い実験結果がある。スタンフォード大学の心理学者ウォルター・ミシェルが１９６０年代から継続的に実施したもので、4歳の子供にマシュマロを与えるのだが、もし15分間食べないで我慢すればマシュマロをもう1つあげようと言う。子供によっては、我慢できないで食べてしまう子もいるし、15分我慢して、まんまと2個のマシュマロをせしめる子もいる。すぐに食べてしまう子は、時間割引率の大きい（つまり、15分後の2個よりも、現在の1個のほうが重要と考える）価値観の持ち主だと考えることができる。逆に、15分待てる子は、時間割引率が小さい（将来の価値と今の価値があまり違わない）価値観の持ち主である。実は、この実験の後、実験に参加した子供たちの追跡調査が行われているのだが、時間割引率の小さい、すなわち将来の利益のために現在の欲望を我慢できる子供は、成長するにつれ社会的な成功を収める率が高いのだそうである。企業や都市のレジリエンスを考える際にも、長期にわたる将来の繁栄を考えられると良いのではないだろうか。

暴露、脆弱性、リスク

ある特定の擾乱に対してシステムがどのくらいレジリエントであるかを考える際に、**暴露**（exposure）、**脆弱性**（vulnerability）、**リスク**（risk）という概念を区別して考えると、見通しがよくなることがある。例として、都市に対する津波の脅威を考えてみよう。

都市が津波に対して暴露しているとは、その都市が海や川に面していて、津波に襲われる可能性があるということである。逆に、内陸の都市であれば、他の自然災害の影響は受けるかもしれないが、少なくとも津波に対しては安全だろう。このような場合、この都市は津波に対して暴露していない、と言う。

脆弱性とは、暴露している擾乱のシナリオに対して、被害を受ける度合いを言う。防潮堤があり、早期警戒システムがあり、避難の備えができているなど、万が一津波が来ても被害を最小限に抑えられるような都市は、津波に対する脆弱性が小さい、という。逆に、津波によって大きな被害を受けるような都市は、脆弱である。

リスクとは、その擾乱によってどの程度の被害を受けるかの**期待値**を指す。期待値という言葉は被害を期待するように聞こえるかもしれないが、これは確率論の世界で平均値を指す言葉である。リスクとは、一定の期間（たとえば1年）の間に受ける被害の平均値であり、それは擾乱の頻度、暴露の度合い、脆弱性を掛け合わせた概念と言える。

したがって、リスクを小さくするには、擾乱の頻度、暴露の度合い、脆弱性をそれぞれ小さくすればよい。津波に対しては温暖化ガスの発生を抑え（それによって海面上昇を小さくし）、海岸沿いの住宅を高台に移転し（それによって暴露を抑え）、さらに防潮堤や早期警戒システムを導入する（脆弱性の低下）、というような対策を考えることができる。

2.3　回復のタイプ

システムがレジリエントであるとは、擾乱に対して機能の一部を失ったとしても、何らかの回復が行われるということである。この回復についても、いくつかのタイプが考えられる。

構造的レジリエンス

もっともストレートな回復の形態が、システムが擾乱の前と全く同じ形に戻ることである。システムの構造も含めて同じ状態に戻るので、これを**構造的レジリエンス**と呼ぶことにする。典型的には、壊れた機械の部品を交換して機能を回復することがこれにあたる。信頼性工学などで語られるレジリエンスの多くはこのタイプの回復である。

機能的レジリエンス

システムが機能を維持するためには、必ずしも擾乱前と同じ構造に戻る必要はない。システムの機能（目的関数）を同等以上に維持できる限り、異なる構造に変化することも可能である。このような回復を、**機能的レジリエンス**と呼ぶことにする。

ＩＢＭは１００年を超える歴史を持つグローバル企業であるが、１９９０年代初頭に大きな危機を迎えた。その当時、ＩＢＭの主要なビジネスは、メインフレームと呼ばれる大型の電子計算機を販売、あるいはリースする事業であったのだが、パソコンやミニコン、すなわちより小型で安価なコンピュータの台頭によって、創業以来最大の経営危機を迎えたのであった。１９９３年、ＩＢＭはそれまで食品会社の経営者であったルー・ガースナーをＣＥＯに迎えた。ガースナーが行ったのは、ＩＢＭをそれまでのハードウェアの会社から、ソフトウェアとサービスの会社に転換することであった[4]。この結果、ＩＢＭは奇跡的とも言える復活を果たしたのである。業態を変容させながら、売上高・純利益という企業の機能（目的関数）を回復させたという意味で、機能的レジリエンスの具体例の一つといえる。

4　ルイス・Ｖ・ガースナー（山岡洋一、高遠裕子訳）：『巨象も踊る』、日本経済新聞社、２００２

革新的レジリエンス

状況によっては、システムはその機能や目的を失ったとしても、別の機能・目的を持った新たなシステムとして生まれ変わることもある。私たちはこのような場合、少なくともあるレベルの同一性を維持しているのであれば、このシステムはレジリエントであると考えることにし、このタイプの回復を**革新的レジリエンス**と呼んでいる。

戦前の大日本帝国は天皇が治める帝国主義の国家であったが、１９４５年の敗戦によって民主的な平和国家として生まれ変わった。戦前の大日本帝国と戦後の日本の間にどの程度同一性が保たれているかについては議論の余地があるが、国民、国土、文化、言語などを考えると、ある程度の継続性はあると考えるべきだろう。そのように考えれば、国家としての日本は、多くの犠牲を払いながらも太平洋戦争という擾乱を乗り切り、生き残ったと言える。

私たちのプロジェクトの中では、擾乱で受けた被害や失ってしまった機能を正視し、むしろそれを新たなる革新の機会として捉えるべきではないか、ということが繰り返し議論された。これまで、レジリエンスの議論の多くは、構造的・機能的レジリエンス、すなわち構造や機能が元に戻ることに注力していた。しかしこれからは、必ずしも元に戻るのではなく、擾乱を受けたことをバネにして、より良いシステムに生まれ変わろうという力を議論すべきではないか、と話し合ったのである。

もちろん、この議論は東日本大震災や太平洋戦争の犠牲を肯定するものではない。擾乱に対して犠牲を最小限にする努力を最大限払ったうえで、なおも犠牲が出てしまったのであれば、今度はそれを逆にチャンスと考えて、前向きに進むことも考える必要があるのではないか。多分に観念的な議論ではあるが、大切なポイントであると思う。
次章では、いよいよシステムをレジリエントにするための戦略について述べる。

第3章　レジリエンスの戦略

第2章では、レジリエンスを考える上でのさまざまな文脈について、分類学的な観点から整理した。この章では、システムをレジリエントにするための戦略について考えていこう。

システムをレジリエントにする戦略はさまざまなものが考えられる。私たちは、それらを25個のカテゴリにまとめた。しかし、25個を順に提示するだけでは、全体がよく見渡せない。そこでそれらのカテゴリを、図3・1に示すようなシステムの時間軸上のフェーズに合わせて整理することにする。システムは、生き残っている限りさまざまな擾乱に次々と見舞われるだろう。つまり生き残るシステムは、擾乱を受け、回復し、というサイクルを繰り返すことになる。これを**レジリエンス・サイクル**と呼ぶ。

システムはまず設計され、平常時はそれが運用される。擾乱が近づくと、場合によっては事前に予測できることがある。擾乱を受けるとそれを検出し、緊急対応し、その後ゆるやかに回復する。もしこの回復において、革新的レジリエンス、すなわちその擾乱をきっかけとしたシステムの革新が起きるのであれば、そのイノベーションのフェーズも、レジリエンス・サイクルにおいて重要である。イノベーションを元に新たな要素が設計され、運用される、というサイクルとなる。

3.1 設計時のレジリエンス戦略

自然に発生した生態系等を除き、多くのシステムは、レジリエントになるよう意図的に設計されている。設計時に組み込まれるレジリエンス戦略には、以下のようなものがある。

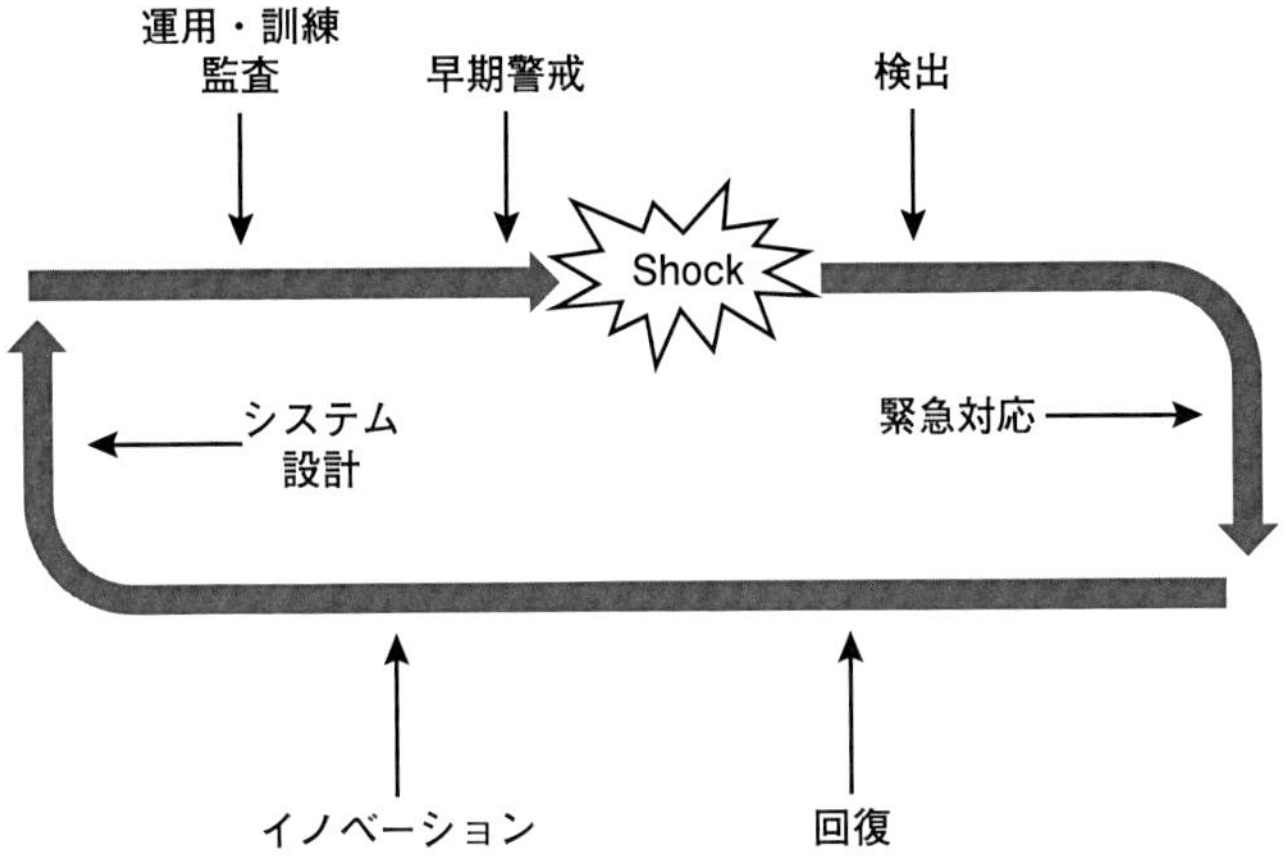

図 3.1　レジリエンス・サイクル

馬場知哉（新領域融合研究センター（国立遺伝学研究所）特任准教授）

1994 年　博士（学術）、神戸大学大学院自然科学研究科

大腸菌および農水省でのイネのゲノム研究プロジェクトを経て、2001 年、慶應義塾大学環境情報学部専任講師（先端生命科学研究所）、2007 年より現職。専門はゲノム科学、代謝生物学、環境生物学。

現在の研究は、南極の極限環境（極低温、貧栄養、白夜／極夜の特殊な日照条件など）で独自の進化を遂げてきた生物圏のゲノムレベルでの生物多様性、環境適応、共生関係の解明。

冗長性

２０１１年に私たちがプロジェクトの構想を練っているとき、最初に相談したのは、国立遺伝学研究所の研究者たちであった。生物は、環境の急激な変化にも非常にうまく立ちまわってきている。生物から学べるレジリエンスとは何だろうか。

情報・システム研究機構では、毎年夏に「若手クロストーク」という合宿を開催している。機構に所属する４つの研究所の若手研究者が集まり、領域横断型のアイディアを話し合う場である。２０１１年夏の合宿は、群馬県の磯部温泉で行われた。私たちはそこで、国立遺伝学研究所の馬場に出会った。彼は遺伝研に来る前は、山形県鶴岡市にある慶應義塾大学の先端生命科学研究所で大腸菌の研究をしていた。

大腸菌は、そのＤＮＡの働きがよく知られた生物である。大腸菌にはおよそ４３００の遺伝子があり、それぞれに役割がある。その役割を知るために、馬場らはそれら1つずつを丹念にノックアウト[1]して、その性質を調べていた（図3・2）。その結果わかったことは、４３００の遺伝子のうち約４０００については、その遺伝子をノックアウトしても大腸菌は増殖し続けられる、ということだった[2]。失われた機能を他の遺伝子が肩代わりしたり、別の経路により増殖に必要な代謝物が生成されたりするからである。

大腸菌がさまざまな環境の中でしぶとく生き残り続けるのは、このような代替手段、すなわち**冗長性**があるからに違いない。

同じ遺伝研の北野は、トゲウオ科のイトヨという淡水魚を研究していた。図3・3(a)を見てほしい。このイトヨは、１９５７年に米国北西部のワシントン湖で捕獲されたものである。見てわかる

1 機能を失わせること。

2 T. Baba *et al.*: Construction of *Escherichia coli* K-12 in-frame, single-gene knockout mutants: the Keio collection, *Molecular Systems Biology*, doi:10.1038/msb4100050, 2006.

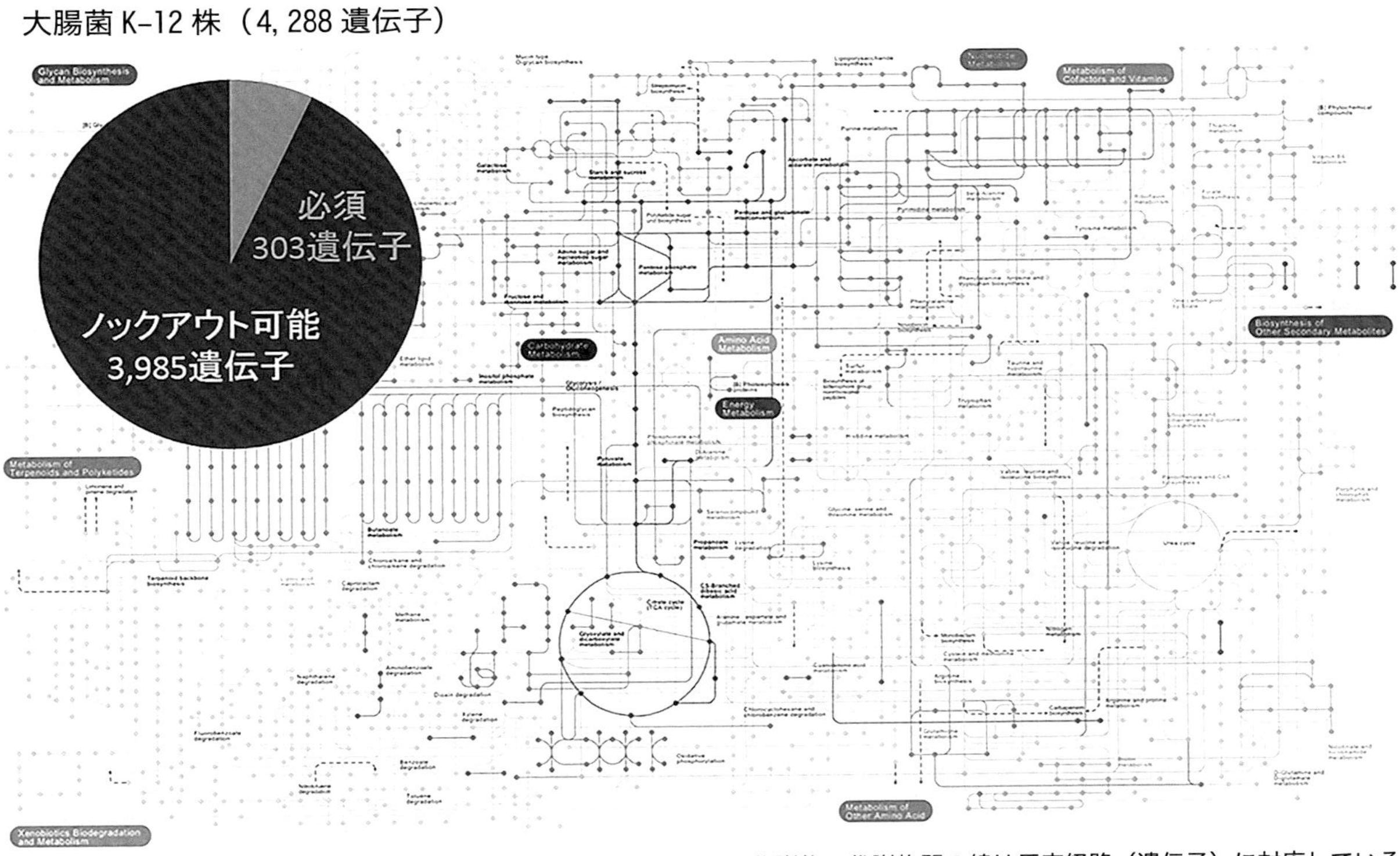

●は代謝物、代謝物間の線は反応経路（遺伝子）に対応している

図 3.2　大腸菌の代謝経路ネットワークの冗長性（KEGG データベース[3]）

ように、体を天敵から守る鱗板という組織がない。一方、図3・3(b)は同じワシントン湖で2006年に捕獲されたイトヨであるが、鱗板を持っている。これは、過去50年にわたってワシントン湖の透明度が急速に上がり、視覚で獲物を探索する捕食者であるマスによる捕食圧が上がったためではないかと考えられている。マスに食べられそうになった時、イトヨはトゲを立てて身を守る。この際に鱗板があれば、マスの歯によって体が傷つくことなく生存率が上がる。このことは、すでにカナダの研究者によって示されていた。1万年以上前のイトヨはもともと海水魚であり、その頃は鱗板を持っていた。捕食圧の低い湖に進出して、いったん鱗板を失ったものの、湖の集団中には鱗板を発現する遺伝子が低い頻度で隠れて存在していたと考えられる。ちょうど、ヒトの集団内にも、病気を引き起こす遺伝子が、一見すると有害あるいは無駄に思われるにも関わらず、低い頻度で常に存在しているように。イトヨの鱗板の発現は、天敵による捕食圧の上昇に対応して、それまでは無駄だった遺伝子がただちに集団中に広まった結果と捉えることができる。[4]

冗長性は、生物だけでなく、工学的なシステムにおいてもよく使われる戦略である。銀行のデータセンターは、バックアップの電源やネットワークを何系統も用意するなど、多重化することでシステムダウンを防いでいる。また、ボーイング777はすべての可動翼をコンピュータで制御するフライ・バイ・ワイヤを初めて導入した旅客機だが、このコンピュータが故障すると重大な事故につながるので、システムは3重の冗長構成となっている。

その他の工学的な冗長性の形態として、**マージン最大化**がある。これは、津波に対してより高い防波堤を用意するなど、想定される擾乱の大きさに対して十分な許容能力（マージン）を持たせる設計である。

3　ＫＥＧＧデータベース (Kyoto Encyclopedia of Genes and Genomes, http://www.genome.jp/kegg/)

4　J. Kitano, *et al*: Reverse Evolution of Armor Plates in the Threespine Stickleback, *Current Biology* 18, 2008.

(a) 1957 年にワシントン湖で捕獲されたイトヨ

(b) 2006 年にワシントン湖で捕獲されたイトヨ。鱗板が復活している

図 3.3　イトヨの鱗板の復活

北野　潤（国立遺伝学研究所 集団遺伝研究系 生態遺伝学研究部門教授）

2002 年　博士（医学）、京都大学

1996 年　京都大学医学部卒業
2000–2003 年　京都大学 大学院 生命科学研究科 認知情報学講座
2003–2009 年　フレッドハッチンソン癌研究所 ヒト生物学部門 ポスドク研究員
2009–2011 年　東北大学 大学院 生命科学研究科 生物多様性進化分野助教
2011–2015 年　国立遺伝学研究所 新分野創造センター 生態遺伝学研究室特任准教授
2015 年 – 現在　国立遺伝学研究所 集団遺伝研究系 生態遺伝学研究部門教授

また、システムの要素間の**相互運用性**も、冗長性の一形態と見ることができる。２００１年９月に米国で起きた同時多発テロ事件の時に、首都ワシントンにおいて、消防・警察・シークレット・サービスの３者の通信機器の間に相互運用性がなかったために、互いにバックアップができなかったという反省が報告されている。また、部品が故障した時などのためにバックアップを用意しておく場合、部品の相互運用性が高いと、多種の部品を用意しておくコストを削減することができる。このように、システムの設計の中に相互運用性、またそれを可能にするモジュール性を組み込んでおくことは、冗長性の一形態と考えることができる。

多様性

多様性は、私たちが出会ったレジリエンス戦略の中でも最も奥が深いものである。そこで、じっくり紙面を割いて説明したい。

多様性あるいはダイバーシティという言葉を、最近よく耳にすることだろう。企業などでは、女性活躍推進の代名詞としてダイバーシティという言葉が使われる。あるいは、環境問題の専門家は、生物多様性の保全が重要であると説く。だが、なぜ多様性が重要なのだろうか。

レジリエンスの観点からは、次のような説明が可能である。そもそも生物が40億年にわたって生き延びてきたのはなぜだろうか。恐竜は、およそ６５００万年前に突然絶滅したと考えられている。その理由は正確にはわかっていないが、有力な説の一つは、隕石が地球に衝突したことによって、大量のちりが大気中に舞い上がり、その結果太陽の光が遮られて地球が寒冷化し、寒さに耐えられない恐竜が死滅した、というものだ。だが、すべての生物種が絶滅したわけではない。生物の多様性のおかげで、寒さや温度変化に強い、哺乳類のような生物種が生き残ることができたのである。

企業が人材の多様性を求めるのにも、同じような理由がある。以前は、多様な人材を雇うことは社会的責任であるという色彩が強かったが、今では、企業は戦略的に人材の多様化を推し進めている。なぜか？　それは、グローバル化によって変化のスピードが速くなっている市場に対して、多様なものの見方が欠かせないからだ。女性の視点、少数民族の視点、イスラム教徒の視点、障害者の視点、性的マイノリティの視点、このようなさまざまな視点が新たなイノベーションを産み、急速に変化する市場に対応して生き残っていく原動力になるからなのだ。[5]

5 Ernst & Young: The new global mindset: Driving innovation through diverse perspectives.

ばらつきの大きさ

多様性がレジリエンスに寄与する、という論理的な説明はいくつもあるが、ここではそのうちの2つを紹介しよう。最初の説明では、ある猿の群れを考えることにする。群れの多様性を測る尺度はたくさんあるが、ここでは身長という特定の属性を考え、その多様性を考えることにする。背の高い猿は、より高いところにある木の実を取ることができるので生存に有利だが、一方であまり背が高すぎると機敏な動きができず、天敵に狙われやすい。そこで、今の環境における最適な身長は1mであると仮定しよう（図3・4）。この群れは、環境に適合して、最適な身長である1mの周囲に分散した身長を持っているものとする。

身長のように特定の量的変数に関する多様性は、そのばらつき（標準偏差）で表現することができる。この場合、その標準偏差σは0・3であり、比較的ばらつき（多様性）が小さいと仮定しよ

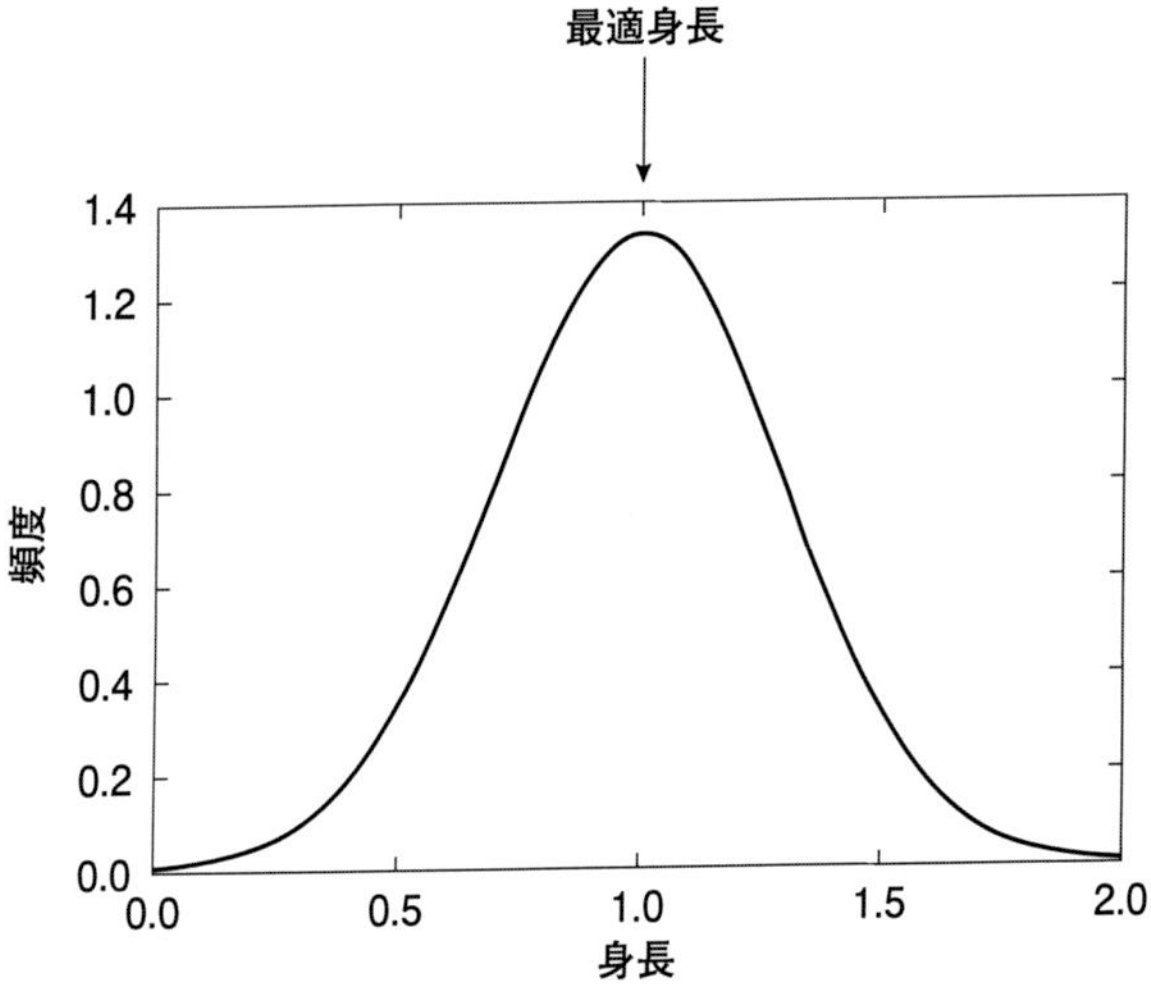

平均身長1.0m，標準偏差σ=0.3

図 3.4　身長の多様性が小さい群れ

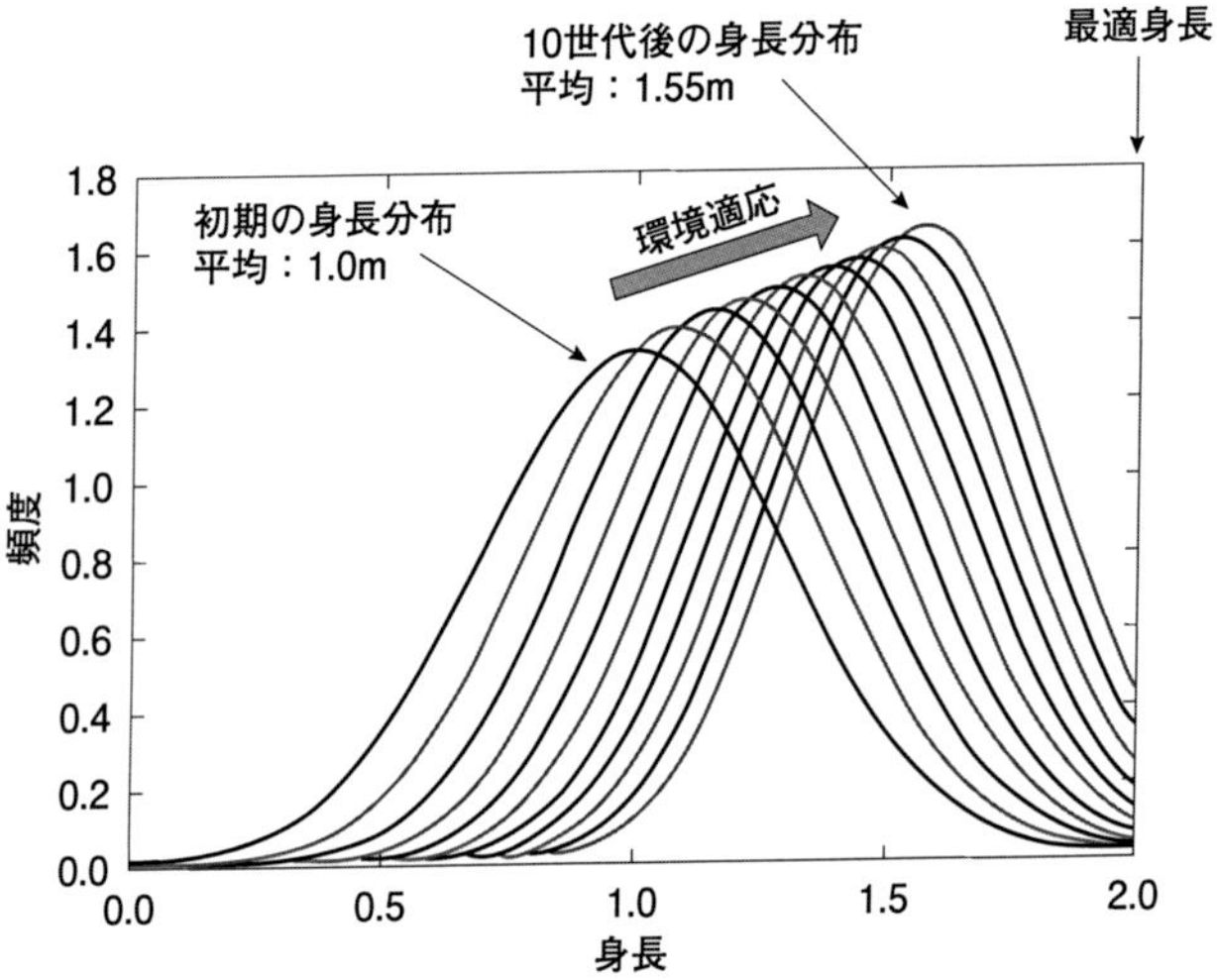

図 3.5　10 世代後の身長分布

う。

そのうち、この猿の群れは近くの木の実を食べ尽くしてしまった。その結果、より身長の高い猿が有利になった。この新しい環境での猿の最適身長は2mだとしよう。[6] さて、猿の群れはこの新しい環境に適応できるだろうか？　集団遺伝学で使われる進化の数理モデルは次のようなものだ。

$$p_i^{t+1} = p_i^t \frac{\pi_i}{\pi^t}$$

この式の中で、p_i^t は種 i の時刻 t における個体数を表し、π_i は種 i の環境に対する適応度を表す。今の場合、種とは群れの中で同じ身長を持つ猿のグループと考えればよい。π^t は、時刻 t における適応度の、群れの中での平均だ。この式の意味するところは、平均よりも有利な個体は子孫を残しやすいということだ。環境の変化によって身長の高い猿が有利となるならば、それらの猿はより多くの子孫を残し、群れの平均身長は大きくなっていく。この数理モデルに合わせて、先ほどの群れの10世代後の身長の分布を計算してみると図3・5のようになる。10世代後では、平均身長が1・55mとなり、群れが全体として高身長になったことがわかるだろう。

さてこの計算を、もっと多様性の大きい群れに対してあてはめてみよう。今度の群れは、身長の多様性が大きい（標準偏差 σ が0・5）。つまり、より背の高い猿や背の低い猿が多くいるということだ（図3・6）。

この猿の群れが同様の環境変化に遭遇したら、どのようになるだろうか。多様性の大きい群れの10世代後の様子を図3・7に示す。もともと身長の高かった個体が多くの子孫を残し、先ほどの群

6　ここで、簡単のため、新しい環境における適応度は身長に比例するものとし、最大身長は2mと仮定する。

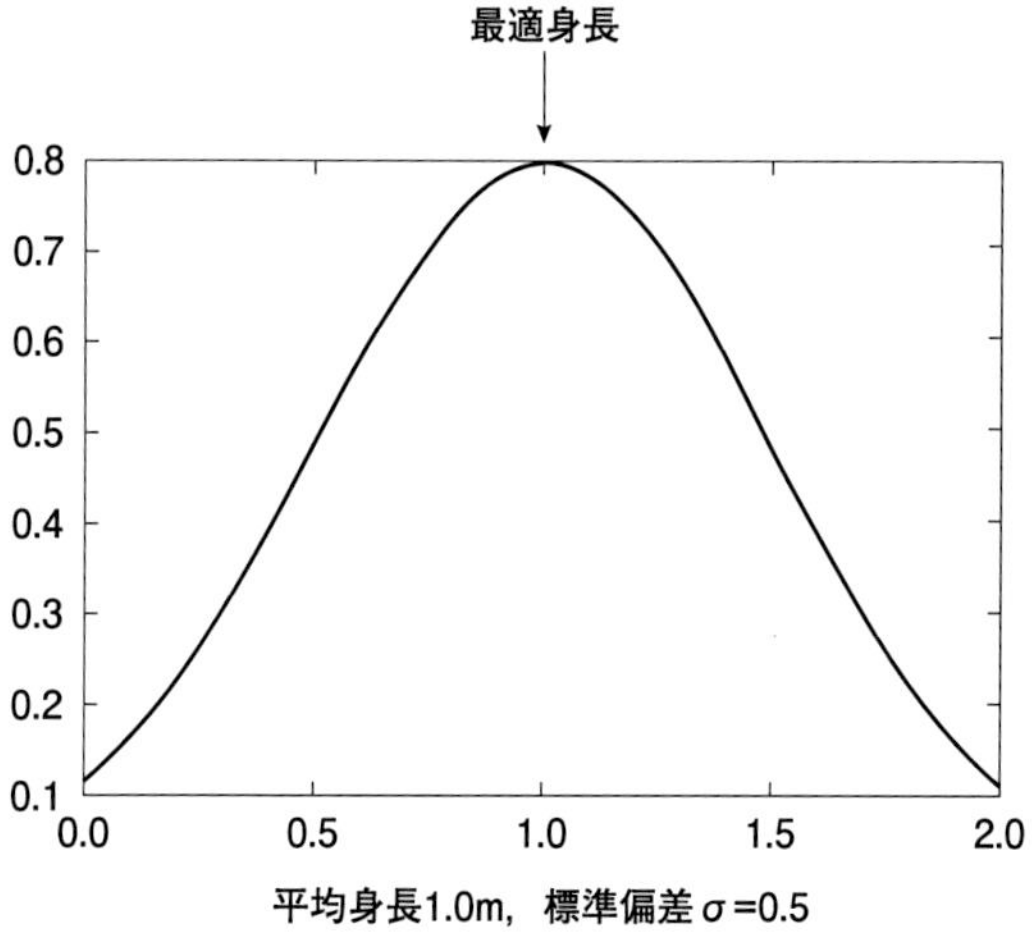

図 3.6　身長多様性の大きな群れ

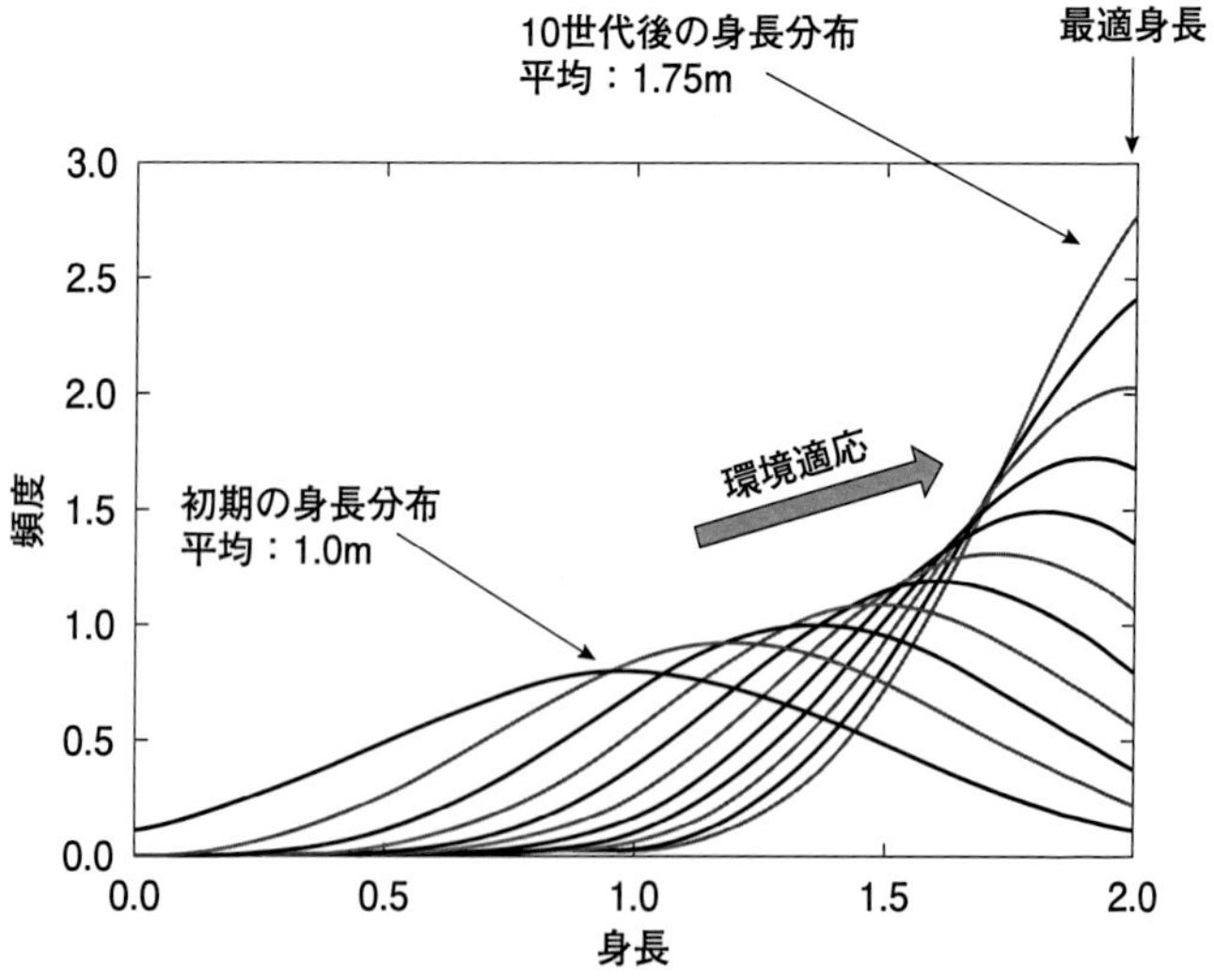

図 3.7　多様性の大きい群れの 10 世代後

れよりはずっと速いスピードで新しい環境に適応していっているのに気づくだろう。このように、多様性がある群れは、そうでない群れよりも新しい環境に適応するスピードが速い。環境変化に強いので、よりレジリエントだと言えるだろう。

ポートフォリオ

多様性がレジリエンスに貢献するもう一つの例として、株式投資のポートフォリオを考えてみよう。あなたは今１０００万円の現金を持っていて、ハイリスク・ハイリターンの株に投資したいとする。簡単のために、表３・１のような４つの会社を考えているとしよう。A社は急速に伸びていて、今株を買って来年売れば１００％の予想利回り、つまり投資の倍が返ってきそうだ。D社でも予想利回りは40%もある。ただし、どの会社もリスクが大きく、来年までに倒産する確率はいずれも10%だ。もし投資した会社が倒産すれば、投資したお金は返ってこない。

さて、あなただったら手持ちの１０００万円をどの会社にいくら投資するだろうか。一つの考えは、A社に全額の１０００万円を投資するというものだ。当然だろう。他の条件が同じで予想利回りだけが良いのであるから、A社に全額投資するのは合理的なように思える。この場合、１年後にあなたはいくらのお金を手に入れることになるだろうか。A社のビジネスがめでたく成功すれば、あなたは２０００万円を受け取ることになる。ただし、10%の確率でA社は倒産するので、その場合はゼロ円だ。したがって、期待値（平均値）は、２０００万円×０・９＋０円×０・１＝１８００万円である。受取金額の期待値を最大化する戦略としては、これが正しい。

問題は、10%の確率であなたが元金の１０００万円全額を失うことである。この１０００万円が

表 3.1　4 つの会社の株の予想利回りと倒産確率

	予想利回り	倒産確率
A 社	100 %	10 %
B 社	80 %	10 %
C 社	60 %	10 %
D 社	40 %	10 %

まったく使う当てのないお金で、余っているのであればそれでもよいだろう。だが、この１０００万円が35年間身を粉にして働いた退職金で、老後の重要な資金だとしたらどうだろうか。全てを失ってしまう可能性が10%というのは、あまりにも大きなリスクなのではないだろうか。

ここで出てくるのが、多様性の概念である。１つの会社に全額を投資するのではなく、たとえば、４つの会社に２５０万円ずつ投資するのではどうだろうか。この場合、４つの会社が全部破産する確率は、０・１×０・１×０・１×０・１で、１万分の１となる。[7] だから、全額を同時に失う可能性はとても小さくなる。もちろん、受け取る期待値もA社に全額投資した場合の１８００万円よりも小さくなって、この場合１５３０万円となる。確かに、期待値の面からはA社に全額投資するのが最適なのだが、リスク分散の観点からは、多様な投資先を組み合わせたほうがはるかに安全になる。

英語には、「すべての卵を１つのバスケットに入れるな」(Don't put all eggs in one basket) ということわざがある。１つのもの（バスケット）に依存してすべてを賭けてしまうのは危険だ、という意味だ。多様性はリスク分散の意味からも、重要なのである。

多様性指標による管理

多様性がレジリエンスに重要だということを認めたとして、では、どのように多様性をシステムに導入していけばよいのだろうか。多くの企業では、**多様性指標による管理**を行っている。多様性指標とは、たとえば、管理職には何%のマイノリティ[8]がいるかというような指標であり、これによって組織の多様性を評価し、もし目標に達していなければアファーマティブ・アクション[9]などの

7　ここで、それぞれの会社の倒産確率は独立と仮定している。もし、A社の倒産がB社の倒産の引き金になる、のように独立性が崩れると、ポートフォリオの考えはうまく働かない。

8　人権や性的指向などにおける少数派。

9　積極的な差別是正措置。差別を受けているグループの人々を積極的に優遇すること。

対策をとる、というものだ。ただし、直接管理するのはわかりやすいが、軋轢も生みやすい。ここに、もっと間接的に、システムに多様性を導入するための戦略があるのではないかと考える研究者がいる。

収穫逓減則

国立遺伝学研究所の明石は、集団遺伝学の専門家だ。米国育ちの彼は日本語をほとんど話さないが、集団遺伝学における世界的な権威である木村資生、太田朋子を慕って日本に来た。彼の研究は、木村が提唱し太田が発展させた「分子進化のほぼ中立説」を実際のデータで検証することにあった。

１８５９年に出版されたダーウィンの『種の起源』では、生物はランダムな変異と自然淘汰によって進化する、とされていた。ここで、ランダムな変異は生物の多様性を増すことに寄与し、自然淘汰は多様性を減らす方向の力として働くことに注意してほしい。この頃にはまだ分子生物学が確立しておらず、遺伝子の存在も知られていなかった。その後、分子生物学が発達するにつれて、生物の遺伝子は極めて多様であることがわかってきた。ダーウィンの言うように自然淘汰が強く働くのだとすれば、このような多様性はうまく説明できない。国立遺伝学研究所にいた木村は、遺伝子の変異のほとんどは、環境に対して有利でも不利でもなく中立であり、このために自然淘汰が働かず、遺伝子が多様になるのだ、という考えを示した。その後太田は、必ずしも完全に中立なのではなく、少し偏りがあるとしたほうが実際のデータをうまく説明できることを示した。これを「**ほぼ中立説**」と呼ぶ。

明石はこの考えを一歩進めたモデルを提案している。それが、**収穫逓減《ていげん》則**に基づく考え方だ。収穫逓減とは、1つずつの突然変異は有利であっても、それらが積み重なると有利の度合いが減っていく、という考え方である。この収穫逓減則を仮定すると、遺伝子の多様性がよりうまく説明できるというのである。

収穫逓減則がなぜ多様性に貢献するのかについて、よいアナロジーであるかどうかわからないが、女性が結婚相手を選ぶときのことを考えてみよう。1980年代、バブル期の日本には、「三高」という言葉があった。女性が結婚相手に求めるのは、高身長、高学歴、高収入の3つの「高」であるという意味である。この3つの条件にそれぞれ点数を与えてみよう。高身長の男性は10点、高学歴の男性にも10点、高収入の男性にも10点、というようにである。さて、高身長でかつ、高学歴の男性の点数はどうなるだろうか。普通に加点法でいけば、20点だろう。3つの条件を満たす幸運な男性は30点、これが満点である。女性から見れば、1つの条件を満たす男性より2つの条件を満たす男性のほうが結婚相手として2倍好ましい、3つの条件を全部満たしていれば3倍好ましい、ということだ。これを収穫が線形である、という。このような線形の収穫であれば、三高の男性ばかりに女性が群がってしまうのも仕方ないだろう。だが、世の中はうまくしたもので、三高でない男性でもちゃんと相手がいるようだ。なぜだろうか。

その一つの説明として考えられるのが、収穫逓減則である。確かに、高身長、高学歴、高収入は望ましいだろう。だが、2つ揃って2倍、3つ揃って3倍まで好ましいかといえばそうでないかもしれない。2つだったら1・4倍、3つだったら1・6倍くらいだったとしよう。今度は、三高の男性ばかりに女性が群がるのは軽減されそうだ。なぜなら、2つ目の条件は1つ目の条件ほど大事で

明石　裕（国立遺伝学研究所 進化遺伝研究部門 教授）

1996 年　博士（進化生態学分野）、シカゴ大学

明石教授の研究の目標は、ゲノムの進化の仕組みを解明することだ。特に集団遺伝学の理論を用いて、DNA の「サイレント」サイトのように微弱な効果を持った変異を同定しようとしている。

自然選択は実験室や自然集団の中では直接測れないくらい小さな効果を与えることもあるが、長期的に見ると非常に大きな影響を持ちえる。弱い選択がゲノム進化どのくらい普遍的に見られるか、もしそうだとしたら、なぜ弱い選択が普遍的なのかを明らかにすることが重要な目標である。

明石教授は義務教育から大学院までアメリカで教育を受け、2009 年にペンシルバニア州立大学生物学部の教職員から国立遺伝学研究所に移った。

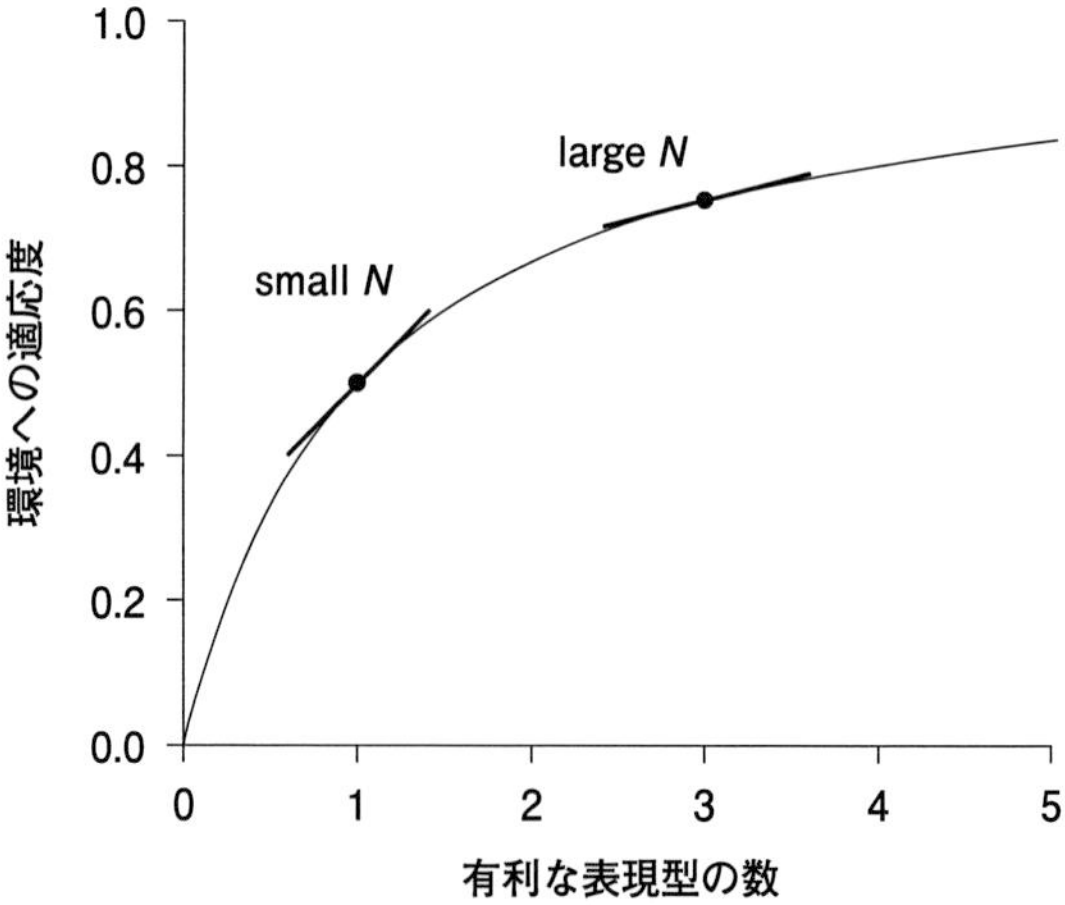

図 3.8　集団遺伝学における収穫逓減則

ないし、３つ目の条件はあってもなくてもあまり変わらないことになるからだ。

明石の理論は、遺伝子の変異の有利さについても収穫逓減則が成り立つのではないか、というものだ。図３・８の横軸は有利な変異の数を示している。縦軸は環境に対する**適合度**（fitness）である。最初の変異はかなり有利だが、有利な変異を積み重ねていくと、だんだん有利さの度合いが減っていく。このため、多様性を減らす力である自然淘汰の影響が弱くなり、適切な点でバランスするのである。

では、多様性を導入するために、設計時から収穫逓減則を意図的に組み込んだシステムはあるのだろうか。一つの例は、税の累進課税制度である。同じ1万円を儲けても、収入の高い人ほど税金が高くなり、実際に懐に入るお金は小さくなる。このことによって、金持ちが極度に金持ちにならないよう、言い換えれば収入の多様性を確保するように設計されているのだと考えられるだろう。

極限状況における多様性

多様性は大切だが、いつでも多様性を追い求めればよいというものでもない。国立極地研究所の伊村は、南極の生態系の研究をしている。伊村自身が発見した、「コケ坊主」という南極の池の中に生息する生態系は、コケ類を中心に藻類、バクテリア、クマムシなどから成る集合体であり、約１０００年かけて60㎝ぐらいの高さまで成長したものである（図３・９）。

世界的にも注目されるこのコケ坊主は、極地という極限の環境下で生きるモデル生物として、レジリエンスに関してもさまざまなヒントを与えてくれる。たとえばクマムシは、厳しい時期を生き延びるときだけ有性生殖すると考えられている生き物である。個体数を増やすには、有性生殖より

伊村　智（国立極地研究所 教授）

1960年生まれ。広島大学卒、博士（理学）。国立極地研究所教授。第36次越冬隊、42次夏隊、45次越冬隊、49次夏隊、イタリア隊、アメリカ隊、ベルギー隊に参加。第49次日本南極地域観測隊では総隊長（兼夏隊長）。

南極湖沼中の大規模なコケ群落である「コケ坊主」をはじめ、蘚苔類を扱う。専門は南極陸上生態学、南極湖沼生態学。

図 3.9　南極湖沼底に林立するコケ坊主

も、雌だけでクローンを再生産していくほうが効率がいい。多様性を犠牲にしても極限環境下で生き延びようとしているのかもしれない。

より広く南極の生態系全体を見ても、その全容は驚くほどに単純である。南極の大型の動物、たとえばペンギン、アザラシ、クジラなどは、ほとんどすべて、ナンキョクオキアミというエビの小さいもののような生物を捕食して生きている。クジラのように大きな生物がこんなに小さな生物を餌にして生きているのは不思議に思うかもしれないが、ナンキョクオキアミは地球上の動物で最もバイオマス[10]が大きいと考えられている。

南極の生態系は、このナンキョクオキアミに依存している（図３・10）。だから、病原菌等によって万が一ナンキョクオキアミが死滅してしまうと、南極の生態系全体が危機に瀕するだろう。ある意味、非常に脆弱だと言えるが、南極は低温、乾燥など生物にとっては非常に厳しい環境だ。そのような環境下では、生態系は多様性を発展させる余裕がなく、自然淘汰によって選ばれた限られた種だけが適合して生き残っているのだろう。

ここまで冗長性と多様性についてかなりの紙面を割いて解説したが、設計時のレジリエンス戦略として、あと２つを簡単に見てみよう。

分散システム

一つが、**分散システム**の考え方である。一般に、資源や管理が集中化しているシステムは全体最適化をしやすいが、いったん中枢部分が壊れるとシステム全体が存続の危機に陥る。一方、分散システムはより障害に強い。たとえば、インターネットはＤＮＳ[11]など一部の集中管理された機能を除

10　その種すべての個体の体重を足し合わせたもの。

11　ドメイン・ネーム・サービス。ドメイン名をＩＰアドレスに変換する。

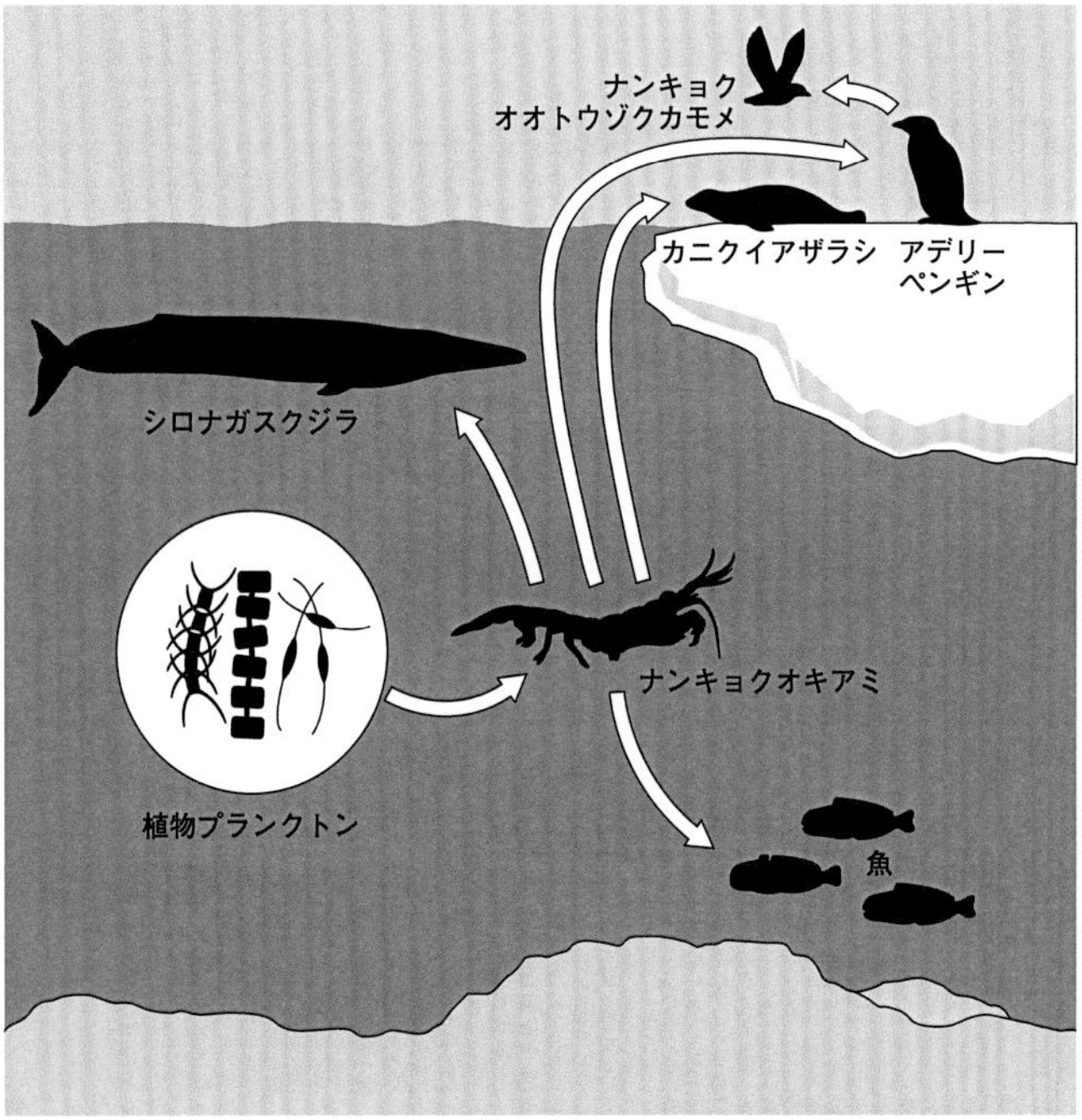

図 3.10　多様性の乏しい南極の生態系

き分散システムとして設計されているために、ネットワークの一部が失われたとしても柔軟に機能を回復することができる。

　仮想通貨の**ビットコイン**は、非集中システムの中でも特筆に値する存在である。国立情報学研究所の岡田は、ビットコインの第一人者として国内でよく知られた存在だ。NHKの『クローズアップ現代[12]』など、メディアにもよく登場しているので、ご存知の方も多いだろう。岡田は、「システムズ・レジリエンス」プロジェクトの中でも、法学部出身というユニークなバックグラウンドの持ち主である。博士号は国際公共政策研究で取得し、電子マネー、電子商取引、プライバシーなどに関するポリシーに詳しい。愛媛県の松山と、タイのバンコクをこよなく愛する文化人でもある。

　岡田が注目するのはビットコインのレジリエンスだ。本来、通貨というものは信用がなければ使ってもらえない。第二次世界大戦中、フィリピンを占領した日本軍は、軍用手票という通貨を大量に発行した。だが、この通貨には裏付けがなかったために、フィリピン国民からはほとんど信用されず、「ミッキーマウスマネー」と呼ばれたそうである。このように、通貨には信用が重要で、日本円にしろＵＳドルにしろ、中央銀行が発行することが常識である。にもかかわらず、権威の裏付けが何もないビットコインが生き延び続けているのはなぜなのだろうか。ビットコインは一時、マネーロンダリングや麻薬取引に使われているとされ、大手の金融機関で取引が制限されたり、最大級のビットコイン取引所のひとつであるマウントゴックスが２０１４年に取引を停止するなど、ビットコイン側から見ると大きな脅威に見舞われてきたが、そのたびに生き延びてきた。

　岡田は、その秘訣はビットコインの本質的に分散的な設計にあると見る。ビットコインの中核にあるのは、**ブロックチェーン**と呼ばれる技術だ。基本的には、改ざん不能な暗号を次々とかけてそ

12　２０１４年1月21日放送。http://www.nhk.or.jp/gendai/kiroku/detail_3455.html

岡田仁志（国立情報学研究所（NII）情報社会相関研究系 准教授）

1999年　博士（国際公共政策）、大阪大学

現在、電子マネーおよび電子商取引に関する法律と経済を主な研究分野とする。世界各国の電子マネーの動向の現地調査を行い、日経文庫『電子マネーがわかる』を出版。IEEE/IPSJ International Symposium on Applications and the Internet（SAINT）におけるWorkshop of IT-enabled Service（ITeS）の共同実行委員長、IEEE Society on Social Implications of Technology（SSIT）Japan ChapterのSecretary等の役職を歴任。

れを次の人に送っていく、という手法である。このシステムにおける信用は「多数の人が使っているから」という多数決の原理に帰着される。すなわち、ビットコインを破ろうとするならば、多数の人がすでに持っているビットコインを辻褄の合うように書き換えなければならず、そのための計算コストが天文学的に大きくなるために、攻撃できないのである。これは、がんや、アルカイダなどのテロリストネットワークにも見られる共通の戦略とも言える。どちらにも明確な中枢部がなく、どこかを取り除いても別の部位から増殖が始まる。完全に殲滅するには全部を同時に攻撃しなければならないが、そのためのコストが大きく、困難なのである。

リスク転移

意外と見落としがちなのが、そもそもリスクを他人に転嫁してしまおうという考え方である。典型的なものは、保険である。比較的頻度が高く、生起確率やその期待損失がよくわかっている擾乱に対しては、保険をかけるなどして、そのリスクを他者に転移することが有効な戦略であると言えよう。

これまで主に設計時に考慮されるレジリエンス戦略を見てきたが、レジリエントなシステムは、設計・構築された後、長期間にわたって運用される。次に、運用時にどのような戦略が可能かを見ていこう。

3.2 運用時のレジリエンス戦略

システムが構築され、運用が始まった後でも、その通常運用時に適用されるレジリエンス戦略がある。

訓練

平時におけるレジリエンス戦略としてもっともわかりやすいものは、**訓練**だろう。地震や火災など想定される災害に対して、その準備態勢を整えるための訓練が広く行われている。訓練をすることによって、人々は非常時に何をすればよいかを学ぶことができ、また、非常時に必要な物資や手順が揃っているかを確認することができる。

訓練にはもう一つ重要な目的がある。それは人が持つ「正常性バイアス」を少しでも軽減することである。**正常性バイアス**とは、何か異常なことが起きた際にも「こんなことが起きるわけがない」、「まだ大丈夫」などのように事態を客観的・冷静に見られないことをいう。これは人の心が持つ認知バイアスの一つであり、人の心の正常な働きの一部であると考えられている。ただし、本当に非常事態が起きたときには、この正常性バイアスは危険だ。東日本大震災においても、津波警報が出ているにもかかわらず避難が遅れ、被害が大きくなったことが報告されている。定期的に訓練を行うことで、この正常性バイアスを緩和することが望ましい。

訓練には、事前に通告して行うスケジュールされた訓練と、抜き打ちで行う訓練がある。

Google などのデータセンターにおいては、“Game Day”と称して抜き打ちで意図的に障害を注入する訓練も行っている。[13] これは、実際に顧客にサービスを提供している稼働中サーバのケーブルを引き抜くなど、普通のデータセンター管理者が聞いたら眼を剥きそうな訓練だ。だが、そもそも冗長構成によってそういう障害に対応できるはずだし、何より障害に対する運用者の即応性を高めることができる。

制御された擾乱

Game Day のような訓練はまた、**制御された擾乱**（controlled shock）と考えることもできる。制御された擾乱とは、致命的ではない擾乱を意図的に起こすことでシステムのレジリエンスを高める考え方である。例として森林火災を考えてみよう。森林の管理においては、小さな森林火災はすぐには消火せずに、その部分が再生するのに任せたほうが良いことが知られている。小さな火災を許さずにいると、森林全体が老いていきて、いったん大きな火災が起きると制御不能になってしまうからである。小さな擾乱を許すことによって若木が育ち、それによって森林全体の健康が保たれるのである。第1章で複雑システムの砂山モデルを紹介した。砂山がどんどん高くなるのを放置すると、いずれは大きな雪崩がやってくる。だから、砂山を普段から少しずつ崩すことによって、大きな自己崩壊が起きるのを防止する、あるいは少なくともドカンと来るものを遅らせることができるのである。

13 Resilience Engineering: Learning to Embrace Failure, *Communications of the ACM*, Vol. 55, No. 11, pp.40-47, 2012.

マネジメントサイクル

システムは常に環境の変化にさらされている。環境の変化はシステムのレジリエンスを低下させるかもしれない。地球温暖化による海面上昇は低地での浸水のリスクを増大させるし、新しいテクノロジは伝統的な技術に基づくビジネスに脅威を与えるかもしれない。したがって、都市や企業はさまざまな環境変化に対応して、自身も変化していかねばならない。

変化する環境に対して組織を管理する一般的な手法として、**マネジメントサイクル**がある。マネジメントサイクルとは、組織の機能維持のために一連のステップを繰り返す考え方で、典型的にはプラン（Ｐ）、実行（Ｄ）、チェック（Ｃ）、アクション（Ａ）のステップからなるＰＤＣＡサイクルを回していくものである。ＰＤＣＡサイクルは、品質管理のためのマネジメントシステムＩＳＯ９０００シリーズや、情報セキュリティ管理のためのマネジメントシステムであるＩＳＯ２７０００シリーズで用いられている中心的な概念である。

マネジメントサイクルはまた、経営でより一般的に使われるツールでもある。毎年の国家予算で1年の業務が規定される政府の運営や、4半期ごとの決算に合わせてさまざまな業務を行う企業は、それぞれ1年、4半期のマネジメントサイクルで動いていると言えよう。あまりにも短い周期のマネジメントサイクルは管理コストを増大させるが、一方でレジリエンスの観点から言えば、マネジメントサイクルが短ければ環境変化により素早く対応することができる。ＩＴ業界では、Ｗｅｂアプリケーションのような変化の激しいシステムの構築・運用には、**アジャイル開発**[14]という非常に短いマネジメントサイクルを適用することが一般的になりつつある。

14　ＩＴシステム開発において、優先順位付けされた小さな要件のリストに基づいて、30日間などの短い期間で反復開発する手法。たとえば、ディーン・レフィングウェル著（玉川 憲監訳）『アジャイル開発の本質とスケールアップ 変化に強い大規模開発を成功させる14のベストプラクティス』、翔泳社、２０１０参照。

効率化

擾乱が起きた場合、システムがその維持のために必要とする資源の供給がストップすることがある。東京都が都民に配布した『東京防災』[15]には、家庭でできる資源の備蓄についてのアドバイスがあり、水や食料などを備蓄するように勧めている。国家レベルでは、国の存亡に関わる重要な資源として石油を94日分備蓄している。企業の経営者であれば、キャッシュフローに途切れがないように、手元流動資金を十分に用意しておくことは常識である。

問題は、このような資源の備蓄にはコストがかかることだ。このためシステムは、通常運用時にはアウトプットを最大化するような効率化を行い、その余剰分を利用してできるだけ多くの予備資源を蓄積しなければならない。効率化は、冗長性や多様性あるいは広くレジリエンスと相反する概念として捉えられがちだが、そもそも効率化しなければレジリエンスのためのコストを捻出できないことにも目を向けるべきである。

人為的な要因の抑制

第2章で、擾乱には人為的な要因によるものがあることを述べた。そのような擾乱に対し、その要因を抑制することは、擾乱を事前に防止する、あるいは擾乱の起きる可能性を小さくするという意味で、レジリエンスに効果がある。地球温暖化による異常気象に対しては、温暖化ガスの排出削減の努力がなされているが、これは人為的な要因の抑制にあたる。もし擾乱が意図的な攻撃であるなら、**抑止戦略**も効果がある。抑止に役立つのは、早期警戒や防護手段を見せることで攻撃が成功しないだろうと思わせることや、法的な制裁や報復手段を持つことによって攻撃を思いとどまらせ

15 東京都のホームページ http://www.bousai.metro.tokyo.jp/book/ からダウンロードできる。

るなどの方法がある。

3.3 早期警戒に関するレジリエンス戦略

第2章で述べたように、擾乱には予測できるものもある。もし擾乱がやって来ることがわかれば、その前にできることがある。

擾乱の予測

まず、予測について考えてみよう。米国メジャーリーグの選手・監督だったヨギ・ベラは「予測は難しい。それが未来の事ならなおさらだ」と言ったそうだが、予測とはたいていは未来の事だから、そもそも難しいはずである。ただし、物事には予測しやすいものと予測しにくいものがある。

人々は太古の昔から、将来事象の予測をしてきた。予測のうち、あるものはよく当たる。スピードを出しすぎて赤信号の交差点へ入ってきた車を見て「あ、これは事故になるな」と予測して現場から離れたところ、案の定事故になった、などというのは、「当たる」予測と言えよう。あるいは「今からオフィスを出れば8時前には家に着けるな」という予測も、電車の事故などがなければ相当当たりそうだ。

しかし、今年のペナントレースの結果とか、来年の経済状況とか、3ヶ月以内に首都圏直下の大地震が起きるかなどは、当てるのが難しい予測と言えるだろう。しかしその中にも、より信頼できる予測とそうでない予測がある。

予測を専門にしているネイト・シルバーは、その著書の中で、なぜ予測が難しいのか、より良い予測をするためにはどうしたらよいのかについて述べている。[16] 予測が比較的うまくいくのは、メジャーリーグ野球において選手がどのくらい活躍できるかや、台風の進路予想などである。過去からの膨大なデータ蓄積があったり、背後のメカニズムが比較的よくわかっていたりするからだ。一方、金融危機の予測や株価の予測、あるいは選挙結果に対するメディアの予測などは、その予測をする主体のインセンティブが偏りを生んだり、予測をすること自体が株価に影響を与えたりするため、状況が複雑になる。

16　Nate Silver: *The Signal and the Noise: Why So Many Predictions Fail — but Some Don't*, 2012.（川添節子訳：『シグナル&ノイズ　天才データアナリストの「予測学」』、日経BP社、２０１３）

ベイズ推定

それではどうすればよいのか。シルバーは、簡単に言えば過去のデータと人の持つ知恵を組み合わせて予測をしなさい、と述べている。その一つの方法は、**ベイズ推論**の考え方をもっと積極的に取り入れることである。ベイズの公式は非常に簡単なものだが、この式を使うと、人間の持っている知恵に実際に観測されたデータを組み合わせて新しい信念を計算することが可能になる。この計算は多くの場合、人の直感には合わない。しかし、ベイズ的な考え方は自己の信念を積極的に計算に取り入れる考え方であるため、不十分なデータの下で意思決定を行う枠組みとして、真理を求めるタイプの伝統的な統計学よりも実際の現場で使える考え方と言える。

ベイズ推定の例として地震を考えてみよう。「今年、関東地方で大地震が起きる」という事象の確率はどのくらいだろうか。まず、地震の予兆に関する情報がない状態での確率を計算する。

1600年から2000年までの400年の間に、関東地方を震源とするマグニチュード7以上の地震は、表3・2のように10件記録されている。平均的には40年に1回である。そこで、何も情報がなければ、今年マグニチュード7以上の地震が起きる確率は1／40、すなわち2・5％程度と推定できるとしよう。これを**事前確率**と呼ぶ。

さて、今年大地震が起きそうな予兆として「ナマズが暴れる」という現象が観測されたとしよう。ベイズ推定では、「ナマズが暴れると大地震がどのくらいの確率で起きるか」を、「そもそも大地震が起きる確率」（事前確率）と、「大地震が起きる時と起きない時に、それぞれナマズが本当に暴れるのかどうか」の条件付き確率で求める。まず、大地震が実際に起きるとして、その直前に関東地方のナマズが暴れる確率はどのくらいかを考えてみよう。実際にはそんなデータはないだろうが、たとえば主観で80％と想定してみる。一方、大地震が起きなくても何らかの理由でナマズが暴れる可能性もあるだろう。だから、ナマズが暴れたとしても必ずしも大地震が起きるわけではない。そこで「大地震は起きないがナマズが暴れる」確率を、これもデータがないので50％と考えてみる。この前提の下に、今年関東地方で暴れるナマズが見つかったとして、大地震が起きる確率を計算すると、3・94％となる。なぜだろうか。

関東地方の状況を1万年にわたって観測したとしよう。その結果、大地震が起きた年とそうでない年に、それぞれ証拠「ナマズが暴れた」が成り立つ場合・成り立たない場合の件数は表3・3のようになる。大地震は40年に1回起きるので、合計欄のように、大地震が起きる年が250、そうでない年が9750だ。大地震が発生した250年の中で実際にナマズが暴れたのがその80％の200回、また、地震が発生していない9750年の中でも、暴れるナマズが観測されたのはその

表 3.2　関東地方におけるマグニチュード 7 以上の地震

地震名	年	震央	規模	被害
寛永小田原地震	1633 年	相模湾西部 (小田原市沖)	7	死者 150 名、 負傷者多数
元禄関東地震	1703 年	野島崎沖	8.1-8.4	死者 1 万余名、 負傷者多数
天明小田原地震	1782 年	神奈川県西部	7	死者、負傷者あり
安政江戸地震	1855 年	東京湾周辺	6.9-7.4	死者 7444 名 -1 万名、 負傷者多数
明治東京地震	1894 年	東京湾附近 (荒川河口付近)	7	死者 31 名、 負傷者 197 名
茨城県南部の地震	1895 年	茨城県南部 (霞ヶ浦付近)	7.2	死者 9 名、 負傷者 68 名
茨城県南部の地震	1921 年	茨城県南部 (竜ヶ崎付近)	7.0	-
大正関東地震	1923 年	神奈川県西部	7.9-8.2	死者 10.5 万人、 負傷者 11 万人
北伊豆地震	1930 年	静岡県伊豆地方 (函南町付近)	7.3	死者 272 名、 負傷者 572 名
伊豆大島近海の地震	1978 年	伊豆大島近海	7	死者 25 名、 負傷者 211 名

表 3.3　ベイズ推定による大地震発生予測

	ナマズが暴れる	ナマズが暴れない	合計
大地震が起きる	200	50	250
大地震が起きない	4,875	4,875	9,750
合計	5,075	4,925	10,000

50％、4875回にのぼる。

さて、今年暴れるナマズが観測されたとすれば、表3・3の「ナマズが暴れる」という列の状況にあることになる。すなわち、過去に5075回の暴れるナマズが観測されて、結果として200回、すなわち3・94％だけ大地震が起きたのである。あまりしっくりこないかもしれない。ベイズ推定はなかなか人の直観に合わないものだ。だが実際に紙と鉛筆で計算してみれば、特に難しいことはない。

大事なポイントは、この計算が過去の地震データという客観的事実と「ナマズが騒げば地震が起きる」という主観的な知恵を組み合わせていることである。シルバーは、過去のデータと人間の知恵を組み合わせる仕組みとして、ベイズ推定の利用を勧めている。

臨界の早期警戒シグナル

そもそも、地震や金融危機などの巨大事象をその直前に検出するのは不可能なのだろうか。オランダ人の生態学者で現在はワシントン大学にいるMarten Schefferは、この問題に答えを与えるかもしれない論文を2009年に雑誌*Nature*で発表した[17]。この論文では、どんなシステムでも大きな状態遷移がある場合には共通のシグナルを発するはずだ、と指摘している。

システムの状態を図3・11のように非常に抽象化して考えてみよう。横軸は環境パラメタを示し、縦軸はシステムの状態を示す。曲線は、与えられた環境パラメタの下でシステムの安定な状態を示す。環境パラメタは、たとえば地球の平均気温のようなものだと思えばよい。図3・11のa点では、このシステムの安定な状態は1箇所である。攪乱は、システムの状態をこの安定状態から動

17 M. Scheffer *et. al.*: Early-warning signals for critical transitions, *Nature*, 461(3), 2009.

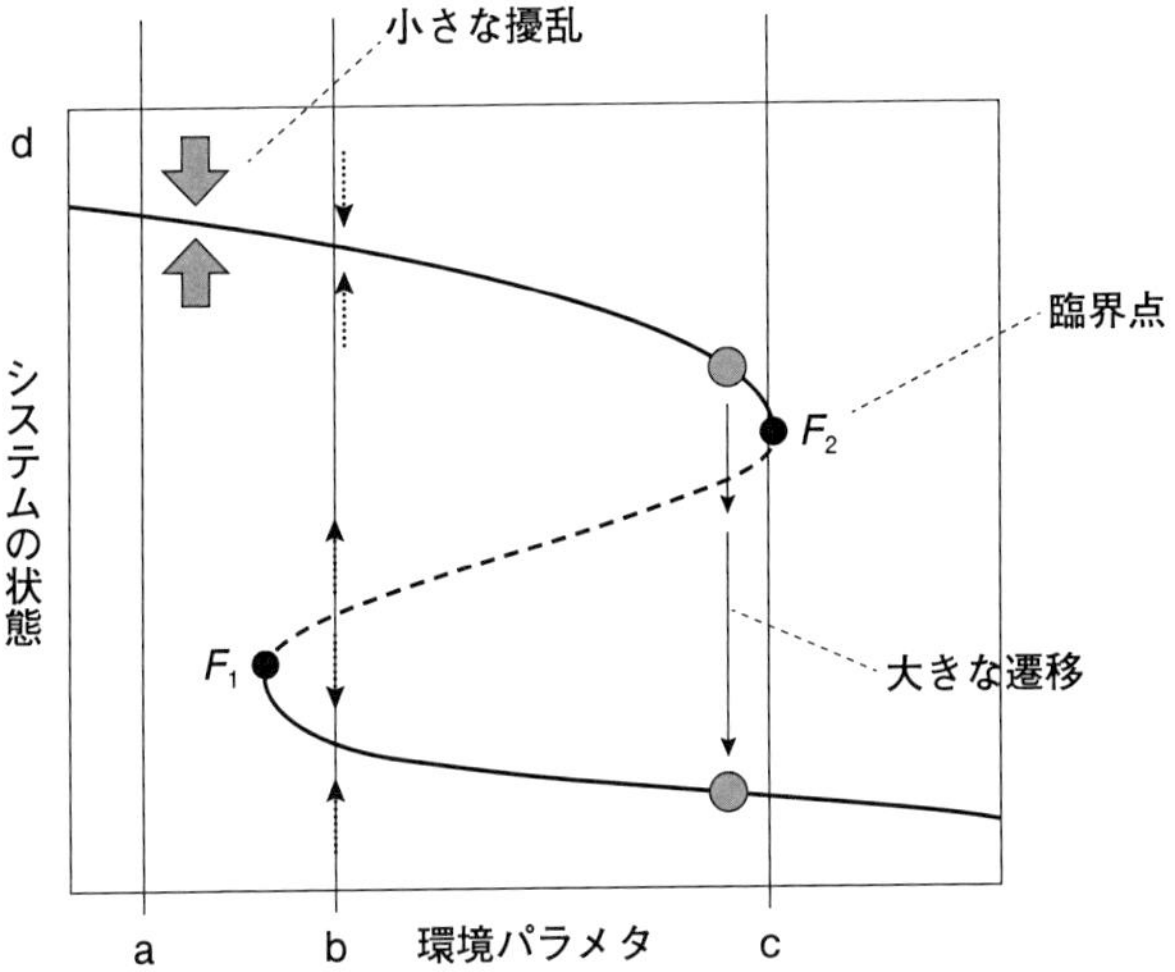

図 3.11　折り返しカタストロフィモデル[17]

かす、すなわちグラフの上下の動きとして現れる。もしこのシステムの状態が若干揺れ動いても、システムは安定なところにすぐ戻る。

環境パラメタが変化してb点まで達したとしよう。この場合、システムの安定な状態は3つある。しかし、環境が左から右へと変化してきているので、システムの状態はグラフの上側の線をたどる。さらに環境が変化してパラメタがc点に達したとしよう。この状態では、これ以上の環境パラメタの変化に耐えられないので、小さな擾乱を受けても、システムの状態が上側の線から下側の線へ一気にジャンプする。これを巨大事象と捉えるわけである。

問題は、システムがこの臨界点に近づいていることを検出できるかどうかということである。図3・12を見てほしい。環境パラメタがa点やb点にいるときには、システムは高レジリエンス領域にいて擾乱に対してはすばやく収束するし、そもそも擾乱に対してシステムの状態が大きくは変化しない（偏差が小さい）。加えて、擾乱からの変異がすぐに収まるので、直前の状態との相関（自己相関）が小さい。

一方、システムが臨界点に近づくと、図3・13のように収束が遅くなり、擾乱によってシステムの状態がより大きく動くようになり、なおかつ自己相関が大きくなる。Schafferは、このような兆候を臨界に近づいているシグナルとして捉えたらどうか、と提案したのである。

実際に、生態系や金融の世界で、システムが臨界に近づいたときにこのような挙動を示すことが報告されている。ただしこのやり方では、臨界に近づきつつあるのはわかるのだが、その臨界がいつ起きるのかは正確にはわからない。その意味では、まだまだこれから研究の余地があるアイディアだと言えよう。

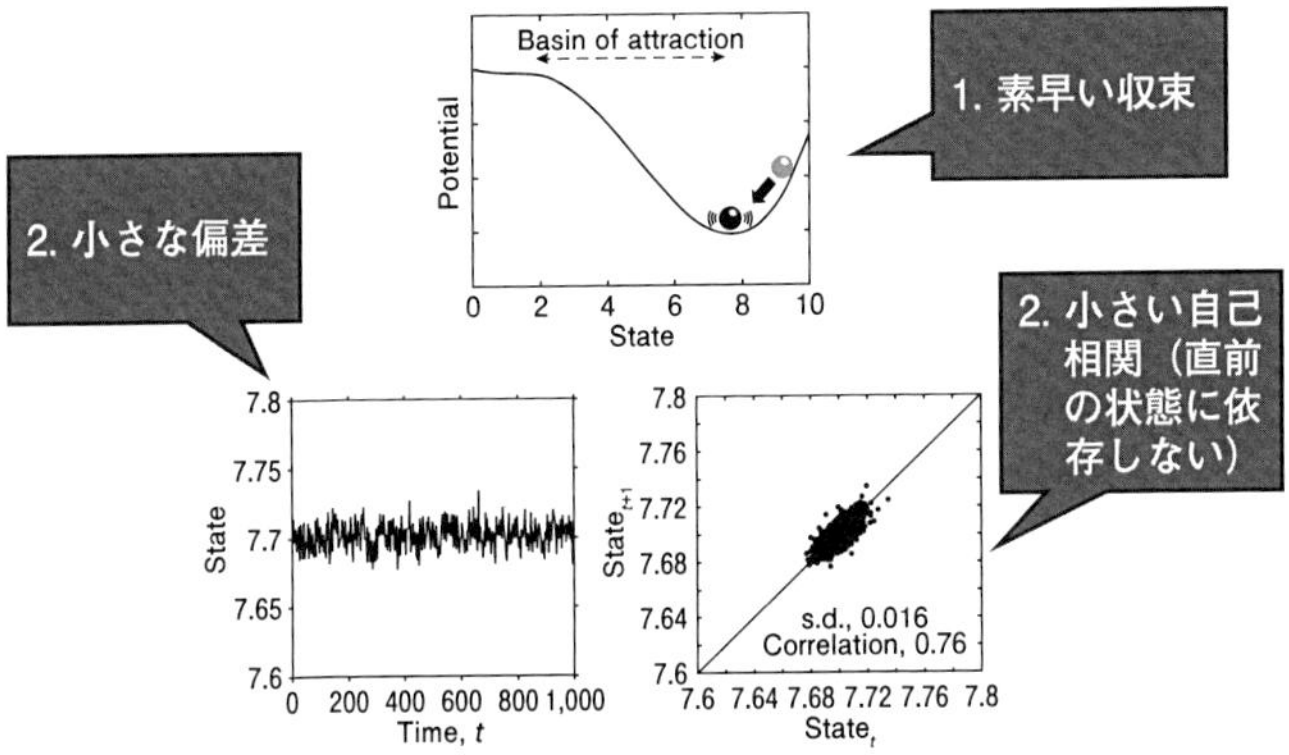

図 3.12　高レジリエンス領域におけるシステムの挙動[17]

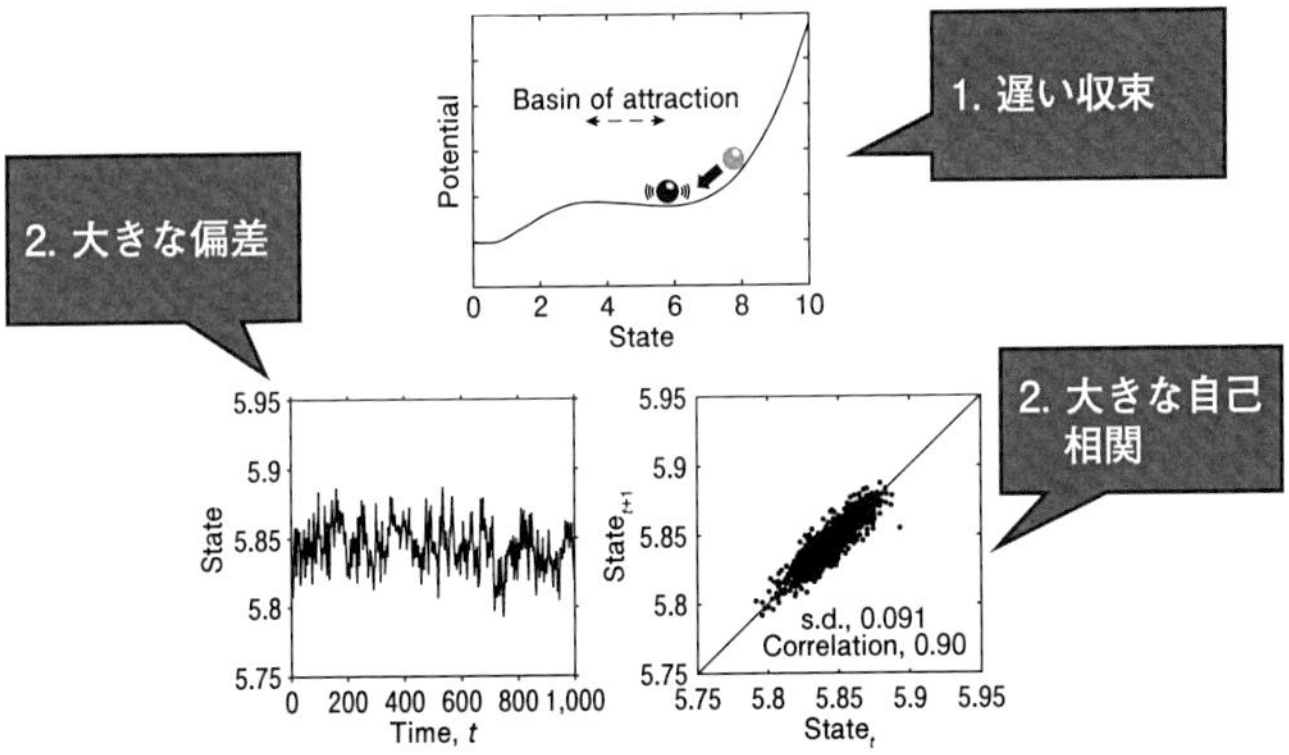

図 3.13　臨界に近づいたとき（低レジリエンス領域）のシステムの挙動[17]

早期対策

擾乱が予測される場合は、それに応じて対策を取ることができる。たとえば大型の台風が来ることがわかれば、事前に公民館に集まるなど早期避難ができる。テロの危険が高まったと判断すれば、警戒レベルを上げてより適切に擾乱を検出したり、タイミングよく対策を立てたりすることができる。

表3・4は、世界保健機構（WHO）のパンデミックに対する警戒フェーズを示したものである。このように、警戒レベルを事前定義しておけば、あらかじめ用意しておいた計画に沿って対策を進めることができる。

表 3.4 WHOの警戒フェーズ[18]

パンデミック間期	ヒト感染のリスクは低い	1
動物間に新しい亜型ウイルスが存在するがヒト感染はない	ヒト感染のリスクはより高い	2
パンデミックアラート期 新しい亜型ウイルスによるヒト感染発生	ヒトーヒト感染は無いか、または極めて限定されている	3
	ヒトーヒト感染が増加していることの証拠がある	4
	かなりの数のヒトーヒト感染があることの証拠がある	5
パンデミック期	効率よく持続したヒトーヒト感染が確立	6

18 原文：「世界インフルエンザ事前対策計画（WHO global infuluenza preparedness plan)」。

3.4 緊急時のレジリエンス戦略

特に人命が関わるような事象の場合は、発生直後に必要な打ち手がある。これらを**緊急時レジリエンス戦略**と呼ぶ。

擾乱の検出・損害評価

まずは発生した擾乱を検出しなければならない。擾乱の検出には、予測と同様にデータの収集とその分析が必須である。**状況認識**（situational awareness）は、システムのデータの収集とそれに基づく分析を指す言葉として使われる。さらに、損害が起きた場合には、その損害の評価をすることが大切である。

ダメージコントロール

２００３年8月14日、北米で大規模な停電があった。７時間後に一部の電力が復旧したが、多くの地域では、２日間電気のない生活を余儀なくされた。全体で４５００万人が影響を受けたとされている。米国では、多くの地域で発電事業者と送電事業者が分離されている。発電した電気は貯められないので、必ず送電網を通して消費者に届けられなければならない。したがって、送電網に障害が起きた場合には、自動的に他の経路にバイパスする仕組みが備わっている。午後1時31分、オハイオ州イーストレイクの発電所が故障し、その結果同州北東部の３４５キロボルトの送電線に負荷がかかった。夏の暑い日であることもあり、30分後に発熱した送電線は熱膨張して同州ウォルトン・ヒルで樹木に接触し、自動遮断リレーが働いて、このラインが送電網から外された。この結果、他のラインでも負荷が増加して樹木に接触するものがあり、さらに他のラインにより多くの負荷がかかる、というドミノ倒し現象が起きた。本来、コンピュータシステムがこのようなドミノ現象を監視し、監視員に警告するはずであったが、ソフトウェアのバグもあって対応が遅れ、結果として東部8州にまたがる大事件になったと考えられている（図3・14）。

　擾乱が検出され、被害が出たことがわかれば、次に行うことはそれ以上の被害拡大の回避である。これが**ダメージコントロール**である。北米大停電は、初期のダメージコントロールに失敗した例である。

　統計数理研究所の南は、米国ダートマス大学で学位を取得した、計算機科学の研究者である。彼は国立環境研究所の山形らと共に、電力網の最適な分割について研究している。緊急時のダメージコントロールの一つの方法が、**分離**（isolation）である。２００３年の米国東部大停電のような雪崩現象を避けるには、障害が起きた時にその部分を切り離して、問題が他の正常な部分に及ばないようにする必要がある。もし、切り離された部分で電力の自給自足ができれば、切り離しの影響は最小限に抑えることができる。南らは、ソーラーパネルと蓄電装置として電気自動車の利用を仮定した上で、自給自足できる小さな単位に電力網を分割できないかを研究している。図3・15は横浜市における日照と電力消費データを元に、最適な分割を計算したものである。図からわかるように、最適な分割は月によって変化する。このように、その場その場の状況によって変化する最適分割を計算するための効率的なアルゴリズムを開発した[18]。

矢印は電力全体の流れ、黒い線は、東部送電系統内で分断されたおおまかな場所、濃いグレーは停電した場所を示している。

図 3.14　2003 年の北米の大規模停電[19]

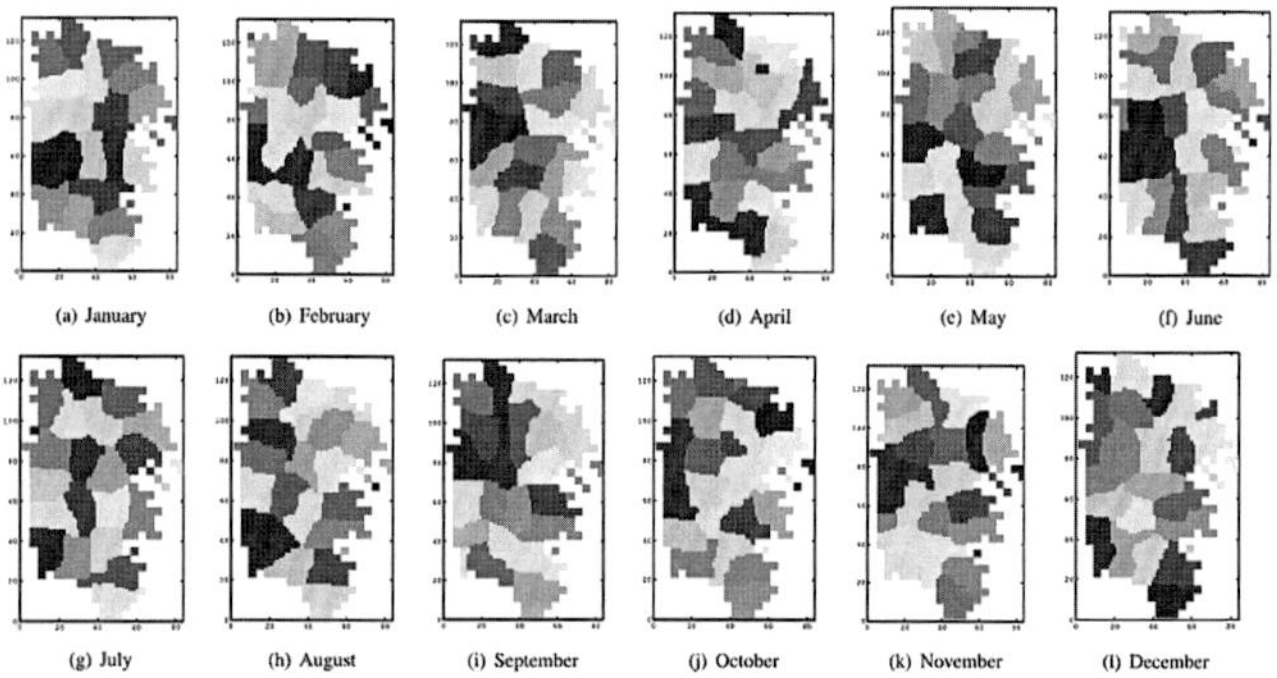

図 3.15　横浜市における電力網の最適分割[20]

19 U.S.–Canada Power System Outage Task Force: Final Report on the August 14, 2003 Blackout in the United States and Canada: Causes and Recommendations, p.101, 2003. http://energy.gov/sites/prod/files/oeprod/DocumentsandMedia/BlackoutFinal-Web.pdf

20 K. Minami, T. Tanjo, N. Arizumi and H. Maruyama: Flexible Graph Partitioning of Power Grids with Peer-to-peer Electricity Exchange, In *Proceedings of the 7th International Conference on Information and Automation for Sustainability (ICIAfS)*, December, 2014.

南　和宏（統計数理研究所 モデリング研究系 准教授）

2006年　博士（コンピュータサイエンス）、米国ダートマス大学

分散システムにおけるプライバシー保護技術を主な専門分野とし、現在は障害から柔軟かつしなやかに復元するICTシステムを構築するための新しい工学理論の確立に取り組む。ダートマス大学よりPh.Dを取得した後、イリノイ大学での講師、研究員、国立情報学研究所における特任准教授の職を経て、2012年4月より現職。

ポリシーの切り替え

緊急時には、システムの優先順位が変わることがある。通常時には個人情報保護は重要だが、ひとたび人命が関わる状況になれば、個人情報を保護するよりも人命を救助するほうを優先しなければならない。このためには、個人情報保護のポリシーを一時的に切り替えなければならないかもしれない。

東日本大震災では、自治体の情報システムも甚大な被害を受けた。陸前高田市では、市役所の4階部分までが海水に浸かり、1階部分に設置されていたサーバと地階に保管されていた磁気テープ等が被害を受け、住民登録や年金給付など基本的な行政サービスが復旧するまで4ヶ月を要した。このような脆弱なＩＴシステムの問題をきっかけに、地震発生後間もない２０１１年5月、日本のＩＴ業界を代表するアーキテクトたちが集まり、災害に強い自治体のＩＴとは何かを考えるプロジェクトＩＴ－ＩＣＨＩＧＡＮが発足した。このプロジェクトでは、自治体がＩＴを他の自治体とお互いにバックアップすることを想定し[21]、さらに、災害時にＩＴ運用のモード変更を要求する。その中でのセキュリティ要件はどのようになるだろうか。

ＩＣＨＩＧＡＮが想定するシナリオは、たとえば、このようなものである。

２０２X年、東南海・南海複合地震が発生。紀伊半島にある人口1万６０００人の自治体A町では津波の被害が甚大で、自治体機能がほぼ麻痺状態となった。津波の発生から3時間後、A町の自治体職員のB氏のところへ、救援にあたっている自衛隊から連絡があり、被害が甚大な地区における住民リストの提出を求められた。カップリング先の自治体において被災者基本台帳システムがす

21 カップリングと呼ぶ。

でに動いているのだが、担当部署の異なるB氏にはアクセス権限がない。上司とはまったく連絡が取れず、町役場の指揮命令系統がどうなっているかも不明だ。B氏はどうすればよいのだろうか？

このような状況に対応するため、ＩＣＨＩＧＡＮでは、通常期、緊急期、応急期という局面ごとにセキュリティポリシーを切り替える。ここでは災害発生直後の緊急期のことを考えてみよう。緊急期とは、情報の可用性が人の生死を左右するような局面で、生存率が急激に低下する災害発生から72時間以内が目安だ。人命がかかっているため、情報の機密性・完全性よりも可用性を特に重視しなければならない。前述のシナリオに対応するため、ＩＣＨＩＧＡＮでは緊急時に「繰り延べ認証」と呼ぶ認証方式を提唱している。[22] 本来、認証とは、本人であることの証拠を提示すること[23]と、その証拠をシステム側で検証して[24]アクセスを許可することから構成される。繰り延べ認証とは、後者のステップをさしあたって省略してもよいという考え方である。システムの認証機能が災害で一時的に失われているかもしれないからである。前述のシナリオの場合、B氏は自分の身元を明らかにするが、システムのアクセスコントロールは照合されないので、住民基本台帳にアクセスすることができる。情報は必要な人に提供しよう、その必要性は後から検証すればよい、という考え方である。

緊急時にポリシーの一斉変更を行うことは、軍隊、特に軍艦ではよく知られたプラクティスである。軍艦においては「総員配置」（General Quarters）という命令が出ると、軍艦のモードが通常の航海モードから戦闘モードに切り替わる。帆船が主流だったころの海軍では、戦闘になると艦長室や士官室などを含む主甲板上の隔壁が全部取り外され、艦の全長にわたって広大な戦闘甲板に変

22 H. Maruyama, K. Watanabe, S. Yoshihama, N. Uramoto, Y. Takehora and K. Minami: ICHIGAN Security—A Security Architecture that Enables Situation-Based Policy Switching, In *Proceedings of the 3rd International Workshop on Resilience and IT-Risk in Social Infrastructures (RISI)*, September, 2013.

23 たとえばユーザーＩＤとパスワードを入力する。

24 たとえば入力されたパスワードが正しいかデータベースと照合する。

貌したそうだ。隔壁や家具などはすべて下層甲板にしまわれて、普段の生活はまったくできなくなる。現代の軍艦では、総員戦闘が命令されると防水・防火隔壁が密閉され、艦の一部に被害が出ても他の部分に被害が及ばないようになる。このような**ポリシー変更**において最も大切なことは、現在の局面に関してすべてのステークホルダが共通の理解を持っていることである。軍艦において総員配置が特徴的な音のサイレンで通達されるのは、乗組員全員が確実にモード変更を知ることが大切だからである。

自治体の例においても、個人情報保護法第十六条には個人情報を勝手に取り扱ってはならない旨が規定されているが、そこには例外事項があり、「人の生命、身体又は財産の保護のために必要がある場合であって、本人の同意を得ることが困難であるとき」はこの限りではないとされている。ただし、この例外条件の解釈が現場によって異なっていたら、ある現場では軽微な災害において不適切な個人情報の取り扱いをしてしまうかもしれないし、別の現場では個人情報の保護を優先するあまり人命救助に支障をきたしてしまうかもしれない。大切なのはすべての関係者が「今は緊急事態である」という認識を共有することであり、ＩＣＨＩＧＡＮではそのための仕組みなどを提案している。

現場のエンパワメント

どんなに周到に準備をしていても、実際に緊急事態になると想定していないことが起きるものである。現場では、その場の状況に応じて臨機応変に対応する必要がある。このためには、現場で危機対応を行う第一応答者（first responder）がかなりの自由裁量を任されている必要がある。これを現場に対するエンパワメントと呼ぶ。前出のモード変更も、現場の対応者に自由裁量を持たせるための仕組みと捉えることができる。

国際標準化団体のＩＳＯでは、ＴＣ２２３[25]が危機管理の標準化を進めている。その中で緊急対応の要件を定めたＩＳＯ２２３２０「社会の安全―緊急対応―事故対応要件[26]」には、緊急対応のベストプラクティスとして、「実施の判断は、最も下位のレベルでなされるよう」また「調整と支援は、最も上位のレベルから提供されるよう」にすべき、という記述がある。国レベルの危機対応の仕組みとして、Martial Law（戒厳令・非常事態宣言）を定めている国もあるが、多くの場合Martial Lawは最も上位のレベルに意思決定の仕組みを集中するように規定されていて、これは、ＩＳＯ２２３２０が推奨している現場のエンパワメントとは逆向きの概念である。

現場とは何か

ここで、やや脱線になるが「現場とは何か」について考えてみたい。震災の傷跡もまだ生々しい２０１１年６月、人工知能学会の年次大会が岩手県盛岡市で開催された。そこで基調講演を行ったのが、ＳＦ作家の瀬名秀明氏であった。瀬名氏は、人工知能とロボットについての講演を締めくくる前に震災について触れ、著書『インフルエンザ21世紀[27]』を「渾身の作なのでぜひ読んでください」と訴えかけた。この本は、２００９年の新型インフルエンザ流行のときに関係者の方々がどのように対応したか、丹念に取材を重ねて書かれた５００ページに及ぶものである。インフルエンザのパンデミックを扱ってはいるが、書かれていることは、東日本大震災や福島原子力発電所の災害についても言えることである。だからこそ瀬名氏は、是非読んでくださいと述べたのであろう。こ

25　社会セキュリティに関する専門委員会。

26　ISO22320, Societal security-Emergency management- Requirements for incident response.

27　瀬名秀明：『インフルエンザ21世紀』、文藝春秋、２００９

の本のまえがきは、次のような言葉で締めくくられている。「想像力と勇気の物語が始まる。」

鳥インフルエンザのウイルスは、シベリアの湖沼からカモなどの渡り鳥によって運ばれてくる。そして、そのウイルスは豚などの家畜の体内で他のウイルスとの組合せによってどんどん変異していき、ある時点でヒトからヒトへ感染するものになる。ヒトの社会における感染は、家庭や学校や職場における接触、人々の国際的な移動、それぞれの社会における衛生状態や生活習慣など、さまざまな要因によって影響を受ける。ある地域でワクチンを使ったことが、かえってワクチン耐性の強いウイルスの発現を促進することになり、ワクチンの普及していない地域の人々を苦しめるかもしれない。海外渡航者を隔離する水際作戦に力を入れるあまり、地域の保健所の検査体制がおろそかになるかもしれない。あるいは、感染の事実を報道することが、風評被害の温床になる可能性もある。

だから、ウイルス対策では、非常に複雑かつ未知の事象を扱わなければならない。その中では、「絶対」ということはまずあり得ず、できることは、「この対策をしたら、どのような影響があるだろうか」を想像してみることだけだ、ということなのだろう。もう少し詳しく言えば、東北大学の押谷仁教授が言うように[28]、「他者への想像力」を働かせ「適切に怖がる」、すなわち、楽観的になりすぎず、悲観的になりすぎず、そして決して絶望しない、ということなのだ。

この本で著者は、繰り返し「現場とは何か」「専門家とは何か」ということを問いかけている。２００９年のパンデミックの時も、２０１１年の震災においても、必ず中央の意思決定者と現場あるいは専門家の意見との相克が現れていた。「現場を見ずに物事を決めるな」という悲痛な叫びがあちこちから出るのは仕方のないことだろう。多くの専門家がそれぞれの専門の立場から意見を述

28　押谷　仁、虫明英樹：『新型インフルエンザはなぜ恐ろしいのか』、日本放送出版協会、２００９

べ、それらがお互いに矛盾することも多いことだろう。

しかし、すべての現場を見、すべての専門家の意見を聞くことはできない。現場の事情はそれぞれの現場によって異なるからである。だから、自分の現場だけの知識に基づいて、「インフルエンザ対策はこうあるべきだ」と主張するのは間違っている。かと言って、現場を全く知らなければ、前述の「想像力」もなかなか働かない。

瀬名氏は、「自分の現場というのは、本来ボキャブラリであって、コミュニケーションツールである」と言う。ある現場を知っていることで他の現場からの声を理解できる、その現場に行かなくても何が起きているのかまざまざと想像できる、つまり現場の経験とはコミュニケーションのツールなのであるというのが、多くのインタビューを通して彼が見つけだしたことのようだ。

「専門家」についても同じことが言えそうだ。専門家の話はそれぞれの専門分野からの見方なので、それを鵜呑みにしてはならない。しかし、一つの専門分野を深く理解することは、他の専門家の意見をどのように聞けばよいかという指標になるだろう。

「現場のエンパワメント」においては、現場を知ることは大切であるが、特定の現場に捉われてはならない。意思決定者は、自分の現場経験を踏まえ、想像力を働かせて全体最適を図るべきであろう。

3.5 回復時のレジリエンス戦略

人命に関わる緊急期が過ぎると、システムは回復期に入る。回復時には、以下の戦略が有効である。

資源割当の最適化

システムの回復には、それなりの資源が必要だ。しかし災害の復興などにおいては、情報伝達の混乱から、必ずしも必要な資源が必要な場所に届かないことがある。資源を有効かつタイムリーに配送するためには、十分な情報の収集と、資源割当の最適化を行う必要がある。Sahana[29]は、災害支援の情報を共有するために作られたオープンソースのＷｅｂアプリケーションである。スマトラ沖地震、四川大地震、ハイチ地震など多くの災害で、被災者の支援、自治体やボランティアへの情報提供などに使われ、東日本大震災でも日本のボランティアが企業の助けを借りてSahanaサーバーを立ち上げた[30]。

東日本大震災では、企業も大きな影響を受けた。日本を代表する輸出産業である自動車製造業は、非常に複雑なサプライチェーンを持っている。図３・16の上の図は、震災時にトヨタが依存していた部品供給会社のうち、東北地方に存在していたものの場所をプロットしたものである。トヨタはただちにその影響の分析を行った。下の図は、影響を受ける品目数の推移をプロットしたものである。震災直後から調査を始め、３月半ばにその品目数はピークに達する。その後、工場が操業

29　http://www.sahana.jp/

30　吉野太郎：fuga, 東日本大震災における災害時救援情報共有 システムSahana（サハナ）の運用と評価,『デジタル・プラクティス』Vol.3, No.3, 2012.

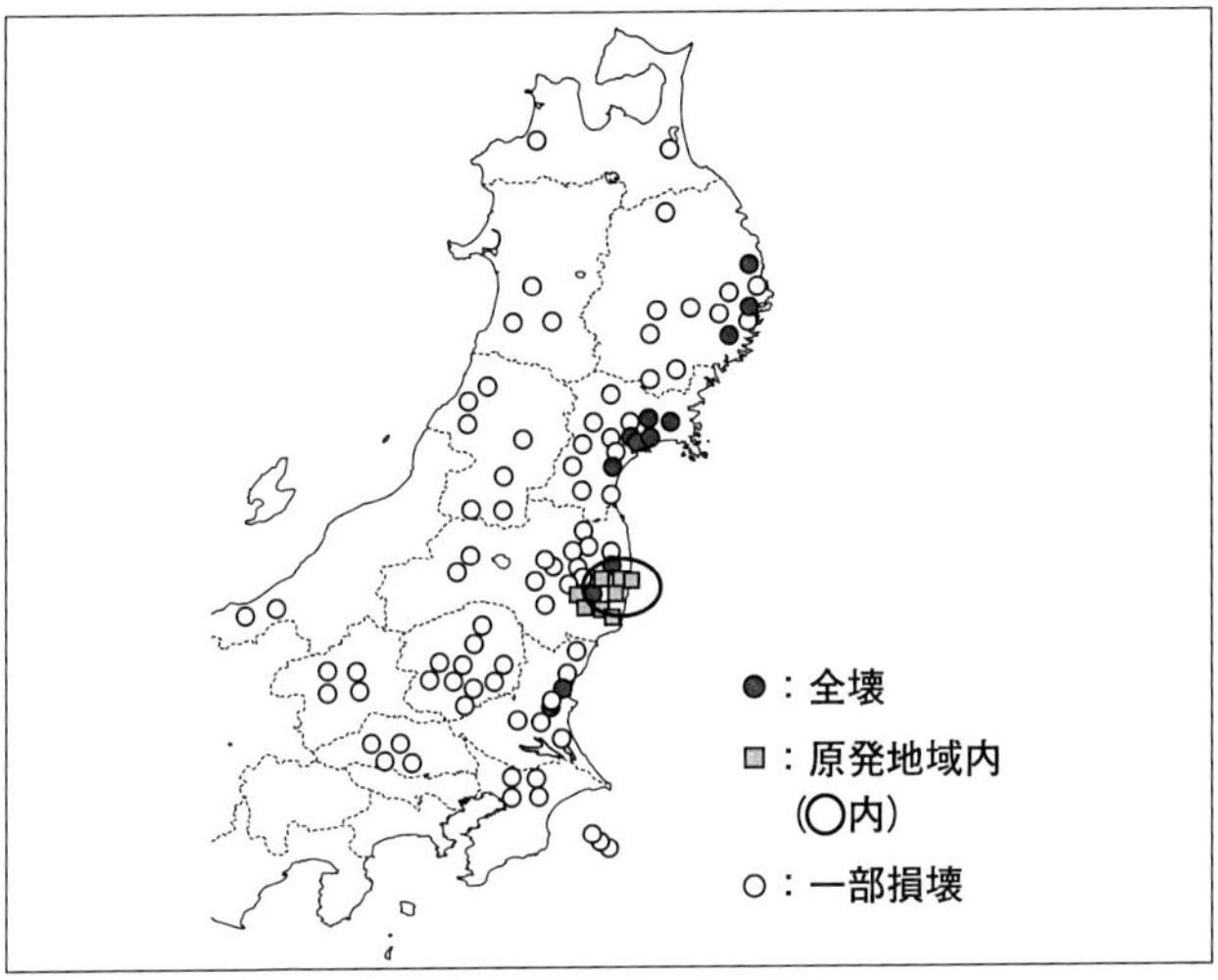

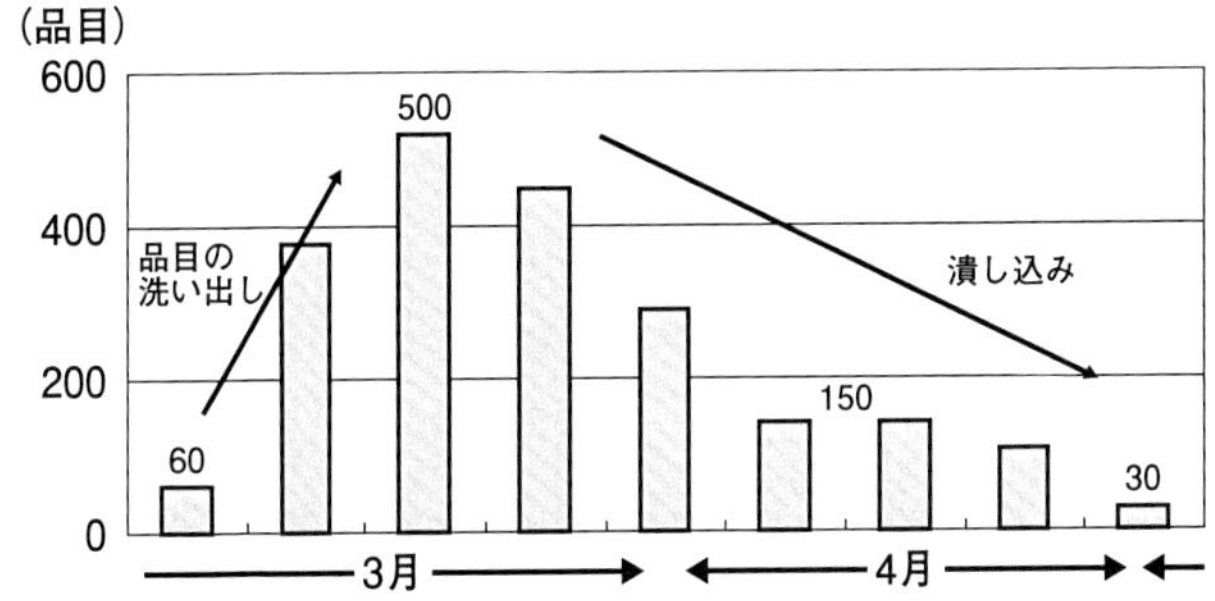

図 3.16　震災後のトヨタの東北のおけるサプライチェーン[31]

31 森田哲郎：震災復旧への取組みとサプライチェーンのリスクマネジメントについて、「レジリエントエコノミー研究会」ワークショップ２０１１年９月６日開催 第一部「レジリエントな産業構造の構築」資料、産業競争力懇談会 http://www.cocn.jp/0906-06.pdf

再開したり、代替のサプライヤに切り替えることによって、サプライチェーンの再構築を行った。
　このように、システムの回復に必要な資源を見極め、最適な割当をすることが、回復を早める方策となる。

利他主義

災害の際に、人々が自分の利益を後回しにして他人を助けることで、コミュニティ全体の復興が進む例が複数報告されている。このように、非常時に利他的な行動を生み出す土壌を醸成しておくのも、レジリエンス戦略といえる。

　２０１５年11月、第3回ＩＴ×災害会議が統計数理研究所で開催された。これは、情報技術を災害支援に役立てようというボランティアの集まりであり、さまざまな分野から１１７名の参加者が集まった。２０１１年の東日本大震災から4年半を経てもなお、多くの人々が自分の利益のためでなく、人々を助けようという熱意にあふれていた。参加者の中には、「ふんばろう東日本支援プロジェクト」[32]に参加した人や、災害発生時に迅速に被災地に赴き、情報の収集・活用・発信に関わる支援活動を行うＮＰＯ「情報支援レスキュー隊」（ＩＴ　ＤＡＲＴ）の創設メンバーなどもいた（図３・17）。

　私たちはなぜ、他人を助けようとするのだろうか。そもそも生物は利己的なのだという理論は、リチャード・ドーキンスが１９７６年に出版した著書の中で示したもので、彼は「われわれは生存機械―遺伝子という名の利己的な分子を保存するべく盲目的にプログラムされたロボット機械なのだ」と述べている。[33]だから、もし私たちがお互いに助け合う社会を作ろうとするのであれば、後天

32　西條剛央：『人を助けるすんごい仕組み―ボランティア経験のない僕が、日本最大級の支援組織をどうつくったのか』、ダイヤモンド社、２０１２

33　リチャード・ドーキンス（日高敏隆ほか訳）：『利己的な遺伝子〈増補新装版〉』、紀伊國屋書店、２００６

(http://2015.itxsaigai.org/)

図3.17　2015年11月に行われた「IT×災害会議」の参加者たち

的に、人々に利他主義を教育しなければならない、という。経済学の世界でも、人は合理的経済人、つまり自己の利益を最大化するように行動する主体である、という考え方が主流である。だが近年になって、どうやら人々は思ったほどは利己的でない、という証拠も見つかってきていているようだ。*Harvard Business Review* 誌の論文、“The Unselfish Gene”によると、さまざまな実験において、およそ30％の人々は常に利己的に振る舞い、およそ半分の50％は利他的、すなわち自分の利益よりも集団の利益を優先するように常に振る舞うという[34]。残りの20％はその場で態度を変える人たちである。つまり、どんな集団にも最低半数は利他的な人々がいるということなのである。

一見利他的な振る舞いでも、遺伝子の利己性で説明できる場合もある。たとえば自分の家族を助けるために自分を犠牲にすることは、自分と共通の遺伝子を残すためには有効な戦略といえる。だが、共通遺伝子の有無にかかわらず、利他的な行動が結局は合理的な場合がある。これをゲーム理論の立場から示したのは、数理生物学者のMartin Nowakである。

図3・18は「囚人のジレンマ」における利得表の一つである。2人のプレイヤーが毎回、協力的な打ち手Cか裏切りの手Dかを選択する。左上の箱は、双方がC（協力的な打ち手）の場合の利得を示す。この場合、2人とも2ポイントを得る。右上は、プレイヤー1がCでプレイヤー2がDを選択した場合だ。この場合、プレイヤー1はポイントを得られないが、裏切ったプレイヤー2は3ポイントを得る。だから、相手がCを選ぶことがわかれば、裏切ることによってより大きな利得を得ることができる。右下は、双方が裏切った場合である。

この表よりただちにわかることは、このゲームを1回だけプレイするのであれば、常に裏切ることが最良の戦略だということだ。相手がCを出せば3ポイントもらえるし（自分がCの場合は2ポ

34　Y. Benkler: The Unselfish Gene, *Harvard Business Review*, 89, pp.7–8, 2011.

		プレイヤー2の打ち手	
		C	*D*
プレイヤー1の打ち手	*C*	2 2	3 0
	D	0 3	1 1

図 3.18 「囚人のジレンマ」の利得表。Cは協調的な打ち手、Dは裏切りの打ち手である。それぞれの箱の左下の数値がプレイヤー1が受け取るポイント、右上の数値がプレイヤー2が受け取るポイントを示している。

イントにしかならない）、相手がDを出したとしても、自分がDを出しておけば最悪の場合は避けられるからだ。相手の手に関わらず、Dを出すことが最適なのである。

だが、このゲームを長時間繰り返して行うと何が起きるだろうか。お互いに相談できれば、2人の合計のポイントは双方がCの時が一番高い（合計で4ポイント）ので、ずっと双方がCを選択し続けることによって高い利益を得ることができる。ただし、ずっと無条件にCを出し続けると、相手にそれが知られてしまい、Dを出されてしまうだろう。より一般的には「負けたら切り替え」（win-stay, loose-shift）戦略が良い戦略とされている。[35] そのような戦略が有利な遺伝子として残るとすれば、利他的な振る舞いが多く見られることが説明できるのである。

35 M. Nowak, and K. Sigmund: A strategy of win-stay, lose-shift that outperforms tit-for-tat in the Prisoner's Dilemma game., *Nature*, 1993 Jul 1;364(6432):56–8.

境界拡大

ある対象システムを回復しようとするとき、多くの外部システムに依存していることが判明し、結局のところそのシステム自身を含む複数のシステム全体の回復を考えなければならないことがある。広域災害時に企業の回復を考える際、企業そのものだけでなく、サプライチェーンを構成する取引先や、地域の市場の回復も同時に考えなければならないことなどがそれにあたる。状況に応じてシステムの境界を柔軟に考えなければならないことがわかるだろう。この領域拡大の概念については、第5章でもう一度触れる。

3.6 イノベーション時のレジリエンス戦略

第2章における回復のタイプの議論で、革新的レジリエンスについて述べた。システムに擾乱があったとき、それは大きなリスクでもあるが、同時にシステムを再構成し、より良いシステムに発展させるチャンスでもある。これは、私たちのプロジェクトの中でも繰り返し議論されたトピックであった。

２０１４年11月に、X-Center Network の年次会議が沖縄で開かれた。X-Center Network[36]は、Xイベント、すなわち人類の生存を脅かす巨大イベントに対して何ができるかを考える、研究者の国際ネットワークである。その場でも、Xイベントをイノベーションに結びつけようという話題が頻繁に議論され、それを、今までの伝統的なレジリエンスを表現する“bounce back”（跳ね返る）という言葉ではなく、“bounce forward”（跳ね進む）という言葉で表現しようということが同意された。“Bounce forward”とは、擾乱を機会にイノベーションを起こそうという前向きな発想である。

では、「跳ね進む」ためには、どのようなことに注意すればよいだろうか。そのための戦略もいくつか考えることができる。

事後調査

擾乱が起きたとき、完璧に対応できることはまずない。必ず何かの改善点があるはずである。だ

36 http://xcenternetwork.com/

から、擾乱が起きた場合はその状況を記録しておき、余裕ができた時点で事後調査を行い、その一連の事象、状況や意思決定の推移を再構成し、何が想定外だったのか、何がうまくいき、何がうまくいかなかったのかを調査・記録すべきである。これは、将来のシステム革新のために重要な情報となる。東日本大震災に対しては、国立国会図書館が「ＮＤＬ東日本大震災アーカイブ[37]」を立ち上げた。このアーカイブには、本書執筆の２０１６年1月現在、およそ50万葉の写真、1万点の音声・映像データを含む、３００万件を超える資料が登録されている。このような記録があることで多くの事後調査が可能になり、それが次のイノベーションの原点となる。

研究開発投資

組織や社会が長期的にイノベーションを起こし、よりレジリエントになっていくためには、研究開発投資が有効な戦略の一つであることは、改めて言うまでもないことだろう。東日本大震災に対しても、平成25年度の文部科学省の予算では「東日本大震災からの創造的復興を図るため」多額の科学技術予算が割かれて、多くのイノベーションが起きている。

合意形成

しかし、「跳ね進む」ために本当に難しいのは、どちらの方向に進んでよいかというステークホルダ間の合意を形成することである。第2章で述べた機能的レジリエンスでは、システムの内部構造は変化するがシステムの目的関数は変わらない、すなわち、どのようなシステムが望ましいかについては不変であるという仮定であった。しかし革新的レジリエンスにおいては、そもそもの目的

37 http://kn.ndl.go.jp/

関数、いわば価値観をも変化させようというのである。したがって、どのような新しい価値観にするのか、ステークホルダ間の合意がなければならない。

合意形成は、政治、法律、医療、経営、工学など多くの分野で見られる普遍的な人々の社会的行為である。たとえば、企業において会議で物事を決めたり、国の政策を多数決で決めたり、廃棄物処理場の建設をめぐって住民との対話を通して合意形成したり、あるいはオープンソース・ソフトウェア開発において、会ったこともない開発者同士がその設計について合意したりする。合意形成の仕組みについて研究する合意形成学はまだ新しい融合領域だが、近年になって社会学、工学、情報学などの研究者を取り込みながら、研究も進んできている。[38]

日米欧の情報政策や文化芸術政策を研究している生貝《いけがい》も、そのような研究者の一人だ。レジリエンス研究に合意形成の観点が必要だと感じた情報学研究所の岡田（前出）は、当時博士号を取得したばかりの生貝をプロジェクトに誘った。生貝の博士論文の内容は、**「共同規制」**という概念に関するものである。[39]ネット上の音楽配信のように新しいテクノロジとそれに基づくビジネスが普及し始めると、それに対しての著作権保護や、消費者保護など、さまざまな理由から規制が必要になる。その規制は政府がトップダウンで行うのがよいのか、それとも業界団体が自主的に規制を行うのがよいのだろうか。それぞれに一長一短がある。政府によるトップダウンの規制は安定的で、また特定の業界団体の利益を代表することのない、社会全体にとって公平なルールにすることができる。一方、自主規制であれば、インターネット技術のように急速に変化する環境に対して、より柔軟に対応することができる。欧州の政策を中心に研究して得られた生貝の結論は、トップダウンとボトムアップの双方の良さを組み合わせた共同規制がベストだということだ（図3・19）。

38　たとえば、猪原健弘（編）、『合意形成額』、勁草書房、2011

39　生貝直人、『情報社会と共同規制』、勁草書房、2011

生貝直人（東京大学附属図書館新図書館計画推進室・大学院情報学環特任講師）

2012 年　博士（社会情報学）、東京大学

1982 年生まれ。2005 年慶應義塾大学総合政策学部卒業、2012 年東京大学大学院学際情報学府博士課程修了。博士（社会情報学）。東京大学附属図書館新図書館計画推進室・大学院情報学環特任講師。東京藝術大学総合芸術アーカイブセンター特別研究員、科学技術振興機構さきがけ研究員等を兼任。

専門分野は日米欧の情報政策、文化芸術政策。単著に『情報社会と共同規制』（勁草書房）、共著に『クラウド時代の著作権法』（勁草書房）、『デジタルコンテンツ法制』（朝日新聞出版）、『「統治」を創造する』（春秋社）等。

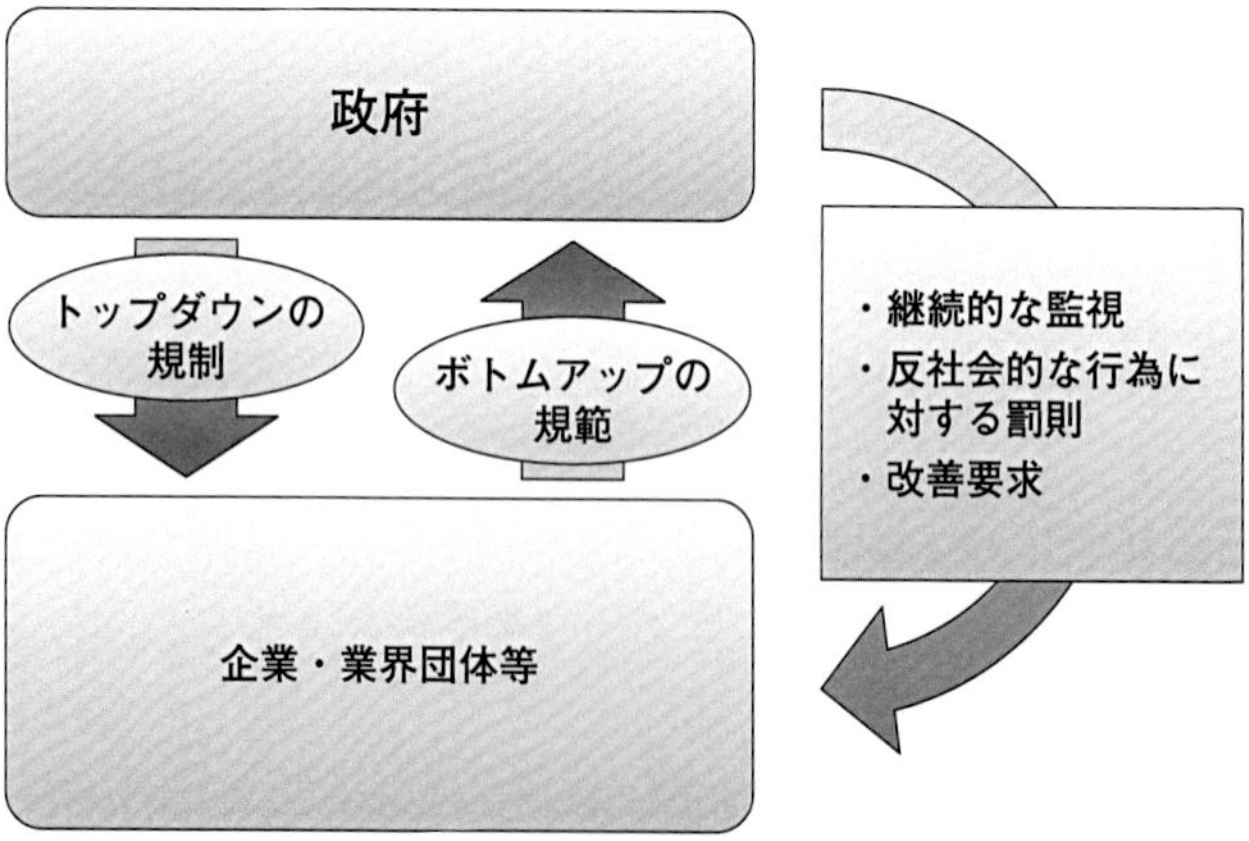

図 3.19　共同規制の考え方

共同規制はなぜレジリエンスに資するのだろうか。第一に、大きな擾乱の後では、まだ環境が急速に変化していることが考えられるだろう。急速に変化する環境の中では、ステークホルダが自主的にルールを作り、新しい価値観に合わせた新しい秩序を柔軟に作っていくのが望ましい。だが、同時にトップダウンの監視を組み合わせることで、その新しい秩序が新しい脅威をもたらさないようにコントロールすることができるのだ。

3.7 メタ戦略

以上、さまざまなレジリエンス戦略を見てきた。しかしこれらの戦略は、すべてのシステムに対して常に有効であるとは限らない。第2章でレジリエンスのさまざまな文脈について議論したが、それぞれの文脈に応じて効果のある戦略もあれば、そうでない戦略もある。どのような場合にどの戦略が有効だろうか？　私たちはそれを整理する方法の一つとして、表3・5のような表を作成しようとしている。表の行はレジリエンスの文脈であり、列は戦略である。これらの交点についている◎・○・－は、それぞれの文脈で対応する戦略がどの程度有効であるかを示す。これはまだ作業中の表であるが、一つのメタ戦略を示すものと言える。

また、戦略の間にはトレードオフがある。冗長性や多様性はコストのかかる戦略であり、そのためにシステムの効率が犠牲になり、有事に必要な資源の蓄積が足りなくなることもある。また、ダメージを受けた地域の分離は全体を救うには有効な手段だが、同時にその地域の住民には過剰な負

・戦略マトリックス

リスク転嫁・保険	訓練	制御された擾乱	マネジメントサイクル	効率化	人為的要因の抑制	擾乱予測	早期警戒体制	状況認識	ダメージコントロール	ポリシー切り替え	現場のエンパワメント	資源割当の最適化	利他主義	境界拡大	事後調査	研究開発投資	合意形成
	運用時					早期警戒時		緊急時				回復時			イノベーション時		
	◎						○	◎	◎	◎	◎	◎	◎	◎		○	◎
		○	◎		◎	◎	◎	◎	◎			○		○	◎	○	○
	○	◎			◎		◎	◎	◎				－		○		
◎	○		◎	◎				◎	○	○					○		
	◎	○					○	◎	○		○	○	○	○		○	○
		◎						◎	○					◎		◎	◎
	○					◎	◎	◎	◎	◎							
						－	－	◎	◎	○							
	○							◎	◎	○					○		
			◎		◎		◎	◎	○	－		○				○	
	○	○						◎	○	○	○		○				
		◎	◎		◎			◎	○						○	○	
		◎	－					－	－	－							－
○	◎					○	○	◎	◎	◎		○				○	
	◎		○	◎				◎	◎	○	○	○				○	
				◎				◎	◎								
○	○	○	◎	◎	○			◎	◎	◎	◎	◎		○			
	◎			○	◎			◎	◎	○	×	○	◎	◎			◎
								◎	◎								
	○	○	◎	○	○		○	◎	◎	◎	○	○				○	
								◎	○								
	○	○	○	○	○			◎	○	◎	◎		◎	○			
	○	○	○		○			◎	○	○	○		○	◎			◎
○			○	◎	○			◎	○	◎	◎	◎				○	
			○		○			◎	○	○	○		◎	◎			◎
								◎	○	○	○	◎			○		－
								◎	○	○	○	◎			○	○	
								○	○		○		◎	◎	○	○	◎

表 3.5 レジリエンス文脈

レジリエンス戦略				マージン最大化	バックアップ	相互運用性・モジュール性	指標による多様性管理	ポートフォリオ・マネジメント	収穫逓減則	分散化
レジリエンスサイクルにおける局面				冗長性			多様性			
				設計時						
レジリエンスの分類	擾乱のタイプ	人為性	自然災害（e.g., 地震、台風）	◎						◎
			意図のない人為性（e.g., 温暖化、パンデミック）	○						○
			意図的攻撃（e.g., サイバーテロ）			○	○			○
		頻度	高頻度（e.g., 交通事故）	◎	◎	○				
			低頻度（e.g., 地震）	○	○	◎	○	○	○	○
			極低頻度（e.g, 巨大隕石）				◎	◎	◎	◎
		予測可能性	予測可能（e.g., 台風）							
			予測不能（e.g., 地震）	◎	◎				◎	
		継続時間	瞬発的（e.g., 落雷）							
			継続的（e.g., 温暖化）							
		内部生	外部要因（e.g., 地震、津波）							○
			内部要因（e.g., 金融危機）							
	対象システム	対象領域	生物・生態系						◎	
			工学（e.g., 航空機）	◎	◎	◎		○		◎
			公共インフラ（e.g., 交通網、電力網）	◎	◎			○		◎
			金融					◎		○
			組織（e.g., 会社）				◎			
			社会（e.g., コミュニティ、地方自治体）						○	
		自律性	自律的（e.g., 生態系、深宇宙探査機）		○				◎	○
			管理された（e.g., 会社組織、公共インフラ）				◎			
		粒度	個体（e.g., 個人、個別のサーバー）							
			同一種集団（e.g., コミュニティ、データセンター）							
			エコシステム（e.g., 業界、インターネット）				◎			
		目的関数	単純（e.g., 企業）							
			複雑（e.g., コミュニティ）							
	回復のタイプ	構造的回復		◎	◎	◎				◎
		機能的回復				◎	◎	◎		◎
		革新的回復					◎	◎	◎	

◎はその文脈に対してその戦略が特に有効であることを示す。○は戦略が場合によっては有効、無印は戦略の有効性がその文脈に依存しないことを示す。−はその戦略が適用不能であることを示す。なお、この表は作業のための一例であり、完成したものではないことに注意。

担を強いることになる。これらのトレードオフをどのようにバランスするかはメタ戦略であり、私たちは今後の課題と考えているが、そのメタ戦略を最適化するためには、レジリエンスを定量化しなければならない。次章では、レジリエンスを定量化する試みについて考えてみよう。

第4章　レジリエンスの評価と数理モデル

第2章でさまざまなレジリエンスのタイプを分類し、第3章ではシステムをレジリエントにするためのさまざまなテクニックを整理した。これらのテクニックを使って、システムをもっとレジリエントにすることができるだろうか。もしできるとすれば、確かにシステムがレジリエントになったことを、どうやって合理的に説明できるだろうか。

4.1 レジリエンスの定量化

レジリエンスの結果指標

ＧＥの伝説的な経営者ジャック・ウェルチは、「計測できるものは改善できる」（"What gets measured gets done"）と言ったそうである。レジリエンスについても、もしそれを定量的に計測できれば、改善につなげることができるだろう。では、客観的・数量的なレジリエンスの指標というものがあるのだろうか？　レジリエンスの指標として論文等でよく参照されるものに、Bruneauによる**レジリエンス三角形**がある（図４・１）[1]。このグラフはシステムの性能を縦軸に、時間を横軸にプロットしたものである。１００％の性能を出しているシステムが、時刻t_0において大きな擾乱を受ける。その後、時刻t_1には１００％に回復したとする。その際、図で示す三角形の面積をレジリエンスと捉える考え方である。擾乱によるシステム性能の低下が大きいときには、この三角形の面積が大きくなるのでレジリエンスが低い。また、擾乱からの回復時間が長いときにも、三

1　M. Bruneau, S.E. Chang, R.T. Eguchi, G.C. Lee, T.D. O'Rourke, A.M.Reinhorn, M. Shinozuka, K. Tierney, W.A. Wallace, and D. von Winterfeldt: A framework to quantitatively assess and enhance the seismic resilience of communities, *Earthquake Spectra*, vol. 19, no. 4, pp. 733–752, Nov 2003.

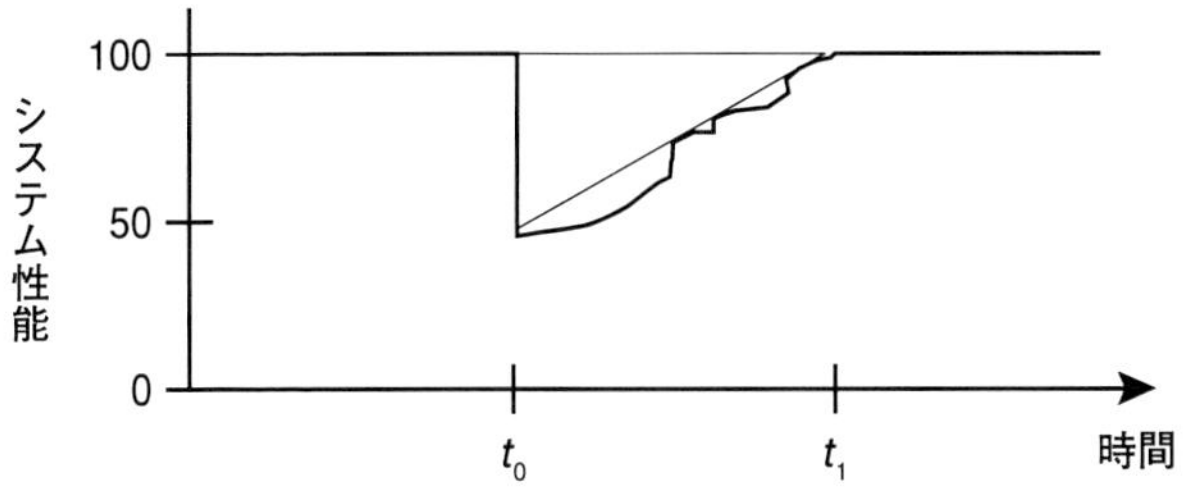

図 4.1　Bruneau のレジリエンス三角形[1]

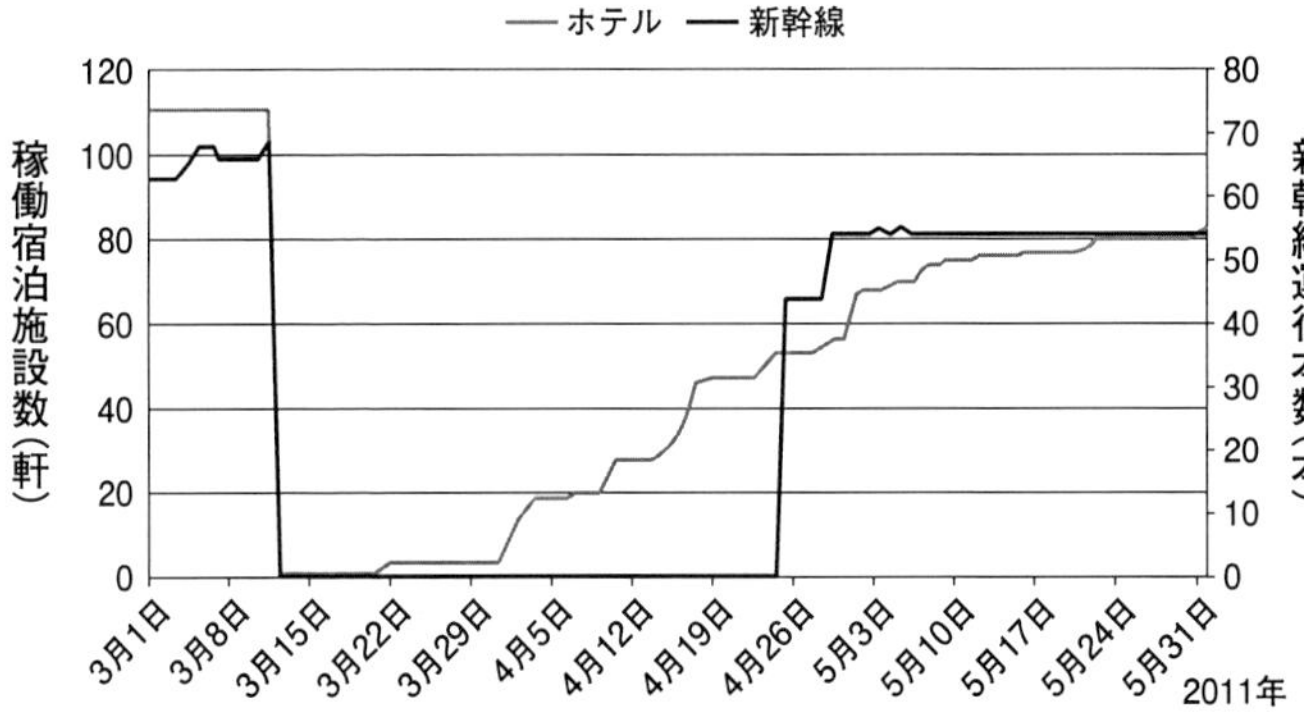

図 4.2　東日本大震災におけるホテルと新幹線の回復[2]

2　一藤 裕、曽根原登：Webデータ駆動型の社会システムレジリエンス評価のための可視化手法、『電子情報通信学会論文誌（情報・システムD）』、Vol. 95, No.5, pp.1100-1109, 2012.

角形が横長になって面積が増えるのでレジリエンスが低い、という考え方である。

もし、システムの性能[3]を定量的に示せるのであれば、この指標はレジリエンスの指標として合理的なもののように思える。国立情報学研究所の曽根原らは、この指標を用いて東日本大震災における東北地方の観光業のレジリエンスを評価している。図4・2は東日本大震災におけるホテルの稼働数と、新幹線の運行本数を示している。

図からは、新幹線もホテルもほぼ同様の回復を示していることがわかる。震災前と同じ１００％の回復ではないが、どちらも4月の終わりまたは5月の初めには80％程度の稼働率まで回復している。ホテルの稼働数は震災直後から徐々に回復していて、これは、ホテルの立地条件、被害の状況、経営の状況などの多様性を示していると考えられる。一方、新幹線はＪＲ東日本によって管理されている単一のシステムであり、全線に渡っての安全確認が終わった4月後半に一気に立ち上がったことが見て取れる。回復の仕方に違いがあるとはいえ、どちらもレジリエントであったということができるだろう。

だが、この指標はある特定のシナリオ、ここで言えば東日本大震災に対しての結果的なレジリエンス指標であることに注意する必要がある。ウィーンにある国際的な研究機関である国際応用システム分析研究所（ＩＩＡＳＡ）[4]のリーナ・イルモラは、このレジリエンス指標は**結果指標（performance metric）**であるという。起きてしまった実際の擾乱に対してシステムがどのように振る舞ったか、そのパフォーマンスを示す指標という意味である。だがこの指標は、あるシステムが将来に起こりうる擾乱に対してどの程度レジリエントであるかに対しての知見は与えてくれない。

3　2・2節で述べた「機能」あるいは「目的関数」。

4　International Institute for Applied Systems Analysis
http://www.iiasa.ac.at/

Leena Ilmola（国際応用システム分析研究所（IIASA）上級研究員）

イルモラ博士は、国際応用システム研究所の上級研究員であり、スコットランド、フィンランド、および韓国における「セブン・ショック」と呼ばれるゲームチェンジャー・グローバルエコノミー2030プロジェクトのプロジェクトマネージャーを務めた。

彼女の研究テーマは、社会システムの不確実性とレジリエンスである。現在はレジリエンスのためのマネジメントシステムの研究に従事している。

レジリエンスの能力指標

レジリエンス結果指標は、起きてしまった事象に対するシステムのレジリエンスを評価するのには使えるが、将来起こりうる事象に対してシステムがレジリエントに振る舞うかについての知見を与えてくれるわけではない。自分のシステムをレジリエントにしたいと思ったとき、本当に欲しいのは、将来に起きうる事象に対してシステムがレジリエントであるかどうかの指標である。これを私たちはレジリエンスの**能力指標**（competency metric）と呼ぶ。

レジリエンス能力指標を客観的に求めることは難しい。将来どのような事象が生起するかわからないので、システムのパフォーマンスを直接計測することができないからである。しかし、直接計測できなくても、少なくとも「システムＡはシステムＢよりもレジリエントだ」とか、「このシステムは以前よりレジリエンスが低下している」のような定性的な評価ができないだろうか。

直接測れないものを間接的な指標で評価することは、実はよく行われている。情報セキュリティの世界ではＩＳＯ２７００１という標準があり、その標準で定められたベストプラクティスの項目、たとえば「情報セキュリティポリシーが明確に定められている」「情報セキュリティが組織化されている」などに合致していれば、その企業（組織）は基準に達しているとされ、認証を受けることができる。また、世界の大学のランキングを行っているTimes Higher Education[5]では、大学の総合的な競争力を教育、研究、引用、国際化、産業への貢献の5つの項目で数値化し、ランキングしている。これらはいずれも間接的な指標であり、「情報セキュリティの強さ」「大学の競争力」を直接計測したものではない。

5 https://www.timeshighereducation.com/

国が使っている都市のレジリエンス指標を見てみよう（図4・3）。ここでは、①リーダーシップと戦略、②健康と福祉、③経済と社会、④インフラと環境の4つのグループの部分指標を、他の都市からのヒアリングに基づいて評価し、重みをつけて総合評価している。[6] いずれにしても、このようなレジリエンス能力指標には、各部分指標の与え方、それらの重み付けなど主観的な要素が大きく入ってきている。システムAとシステムBのレジリエンスを相対的に比べるときには参考になりそうだが、絶対量としての数値化としては、根拠に乏しいと言わざるをえない。

このように、レジリエンス結果指標は定量化しやすいが、将来の事象に対する現在のシステムのレジリエンス指標としては使えない。一方で、レジリエンス能力指標は現在のシステムの評価に使えるが、絶対的な数値指標としては不十分である。レジリエンスの結果指標と能力指標に何らかの関係性を持たせることはできるだろうか？　それを行うのが、次に述べるレジリエンスの数理モデルである。

4.2 レジリエンスの数理モデル

国立情報学研究所の井上は、計算機科学、それも人工知能の研究を長年行ってきた。計算機科学は不思議な学問である。「科学」と言いながら、世の中の現象を観察したり説明したりするわけではない。むしろ、世の中の簡易モデルをコンピュータ上に再現して、その上で0と1のビットを操作することで世の中の振る舞いを模倣したり、予測したり、あるときには世の中そのものを操作し

6 評価式は公表されていない。

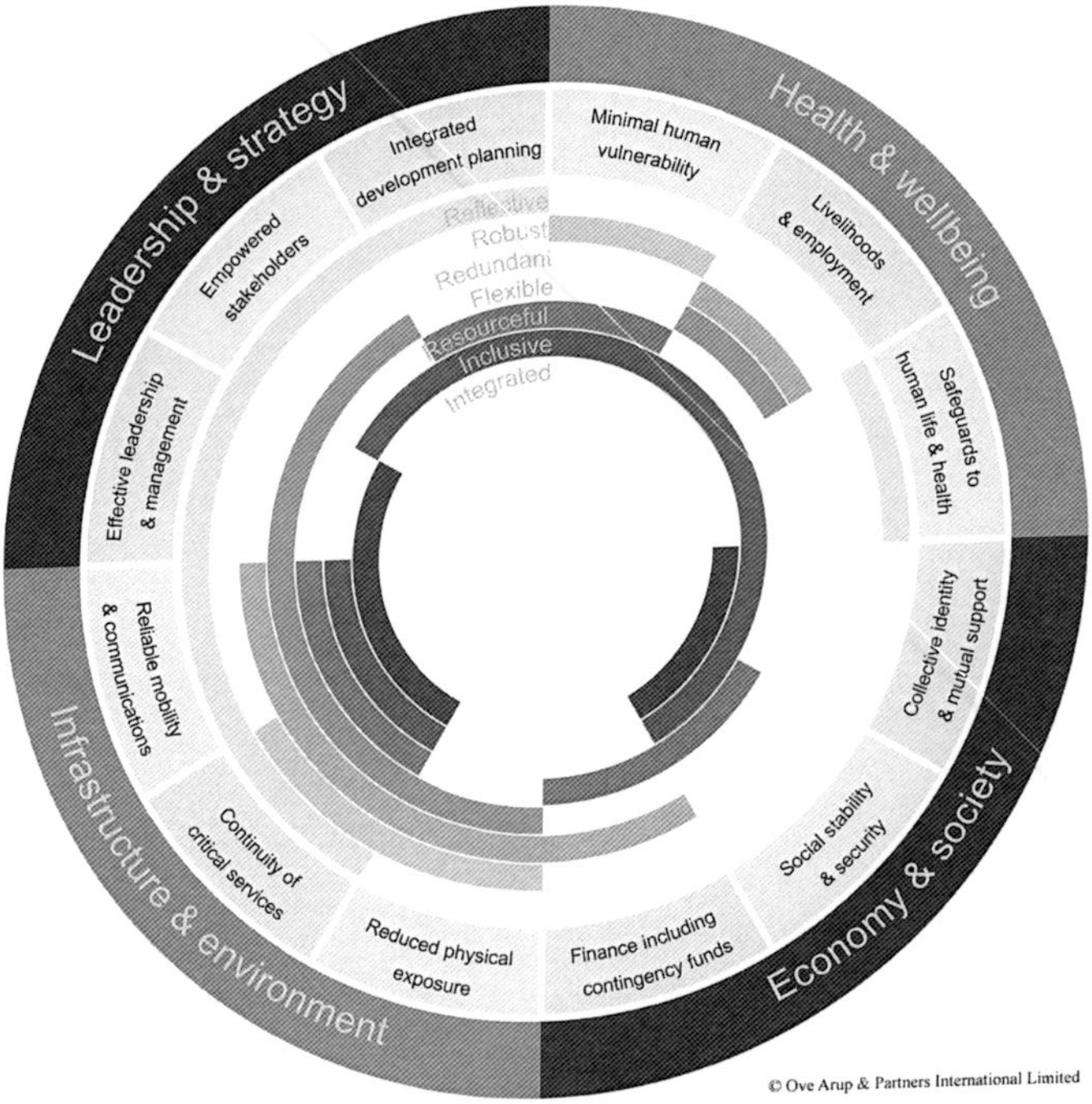

図 4.3　ロックフェラー財団による都市のレジリエンス指標[7]

7　http://www.100resilientcities.org/resilience/

たりする。たとえば在庫管理システムにおいて、「倉庫Aに製品Xの在庫が150個ある」という情報を、データベース上のある項目中の「150」という数値で表現したとしよう。この表現は、150個の製品それぞれが持つ「いつ作られたか」「どこで作られたか」などの少しずつ違う属性を捨象して、抽象化したものである。計算機科学者は、この抽象化したシンボルを操作することで、実際の世の中を模倣したり操作したりする。たとえば、ここから70を減じて倉庫Bの在庫量に70を加えることで、在庫の移動を表現する。あるいは、その指示に従って実際に在庫を移動する。このように、「世の中の簡易モデルを0と1のコンピュータの世界に構築する」ことが、計算機科学者の最も得意とするところなのだ。

プロジェクトが始まって間もない2012年夏、私たちは軽井沢にある国際高等セミナーハウスで泊まり込みの合宿を行い、「レジリエンスとは何か」「レジリエンスをモデル化するにはどうしたらよいか」を集中的に議論した。井上のアイディアはこうだ。私たちが対象とするシステム、それが都市であろうと工学的なシステムであろうと、どんなに複雑だったとしても、その状態は有限で記述できるだろう。そもそも無限の複雑さを持つシステムなどというものは、現実には想定しにくいからだ。[8] システムの状態が有限であるとすれば、それは、計算機科学者の言葉でいえば、長さnのビット列で表すことができるということだ。[9] 与えられた環境にシステムの状態が適合しているかどうかは、このビット列が環境として与えられた制約を満たすかどうかという問題に置き換えることができる。井上の専門分野の一つは、人工知能の中でも**制約充足問題**と呼ばれる一連の分野である。そこで彼は、まさにこの「ビット列が制約を満たすかどうか」という問題に関するさまざまな研究を行ってきたのである。

8　たとえば、全宇宙の素粒子の総数は10の80乗個程度と考えられている。これらの間に相互作用があったとしても、それらは有限の要素間なので、それらの相互作用全部を記述したとしても、有限である。

9　nはばかばかしいほど大きいかもしれないが、それでも有限である。

井上克巳（国立情報学研究所（NII）教授）

1993年　博士（工学）、京都大学

1982年、京都大学工学部数理工学科卒業。1984年、同大学院工学研究科数理工学専攻修士課程修了。松下電器産業㈱、㈶新世代コンピュータ技術開発機構、豊橋技術科学大学、神戸大学を経て、2004年より国立情報学研究所。現在、同情報学プリンシプル研究系教授および総合研究大学院大学複合科学研究科情報学専攻教授。

2008～2011年度 東京工業大学大学院情報理工学研究科計算工学専攻連携教授、2015年度 客員教授、2016年度より同情報理工学院情報工学系知能情報コース特任教授。2010年ポール・サバティエ大学情報学研究所招聘教授。人工知能・論理プログラミング・計算機科学・システム生物学に関する研究・教育に従事。

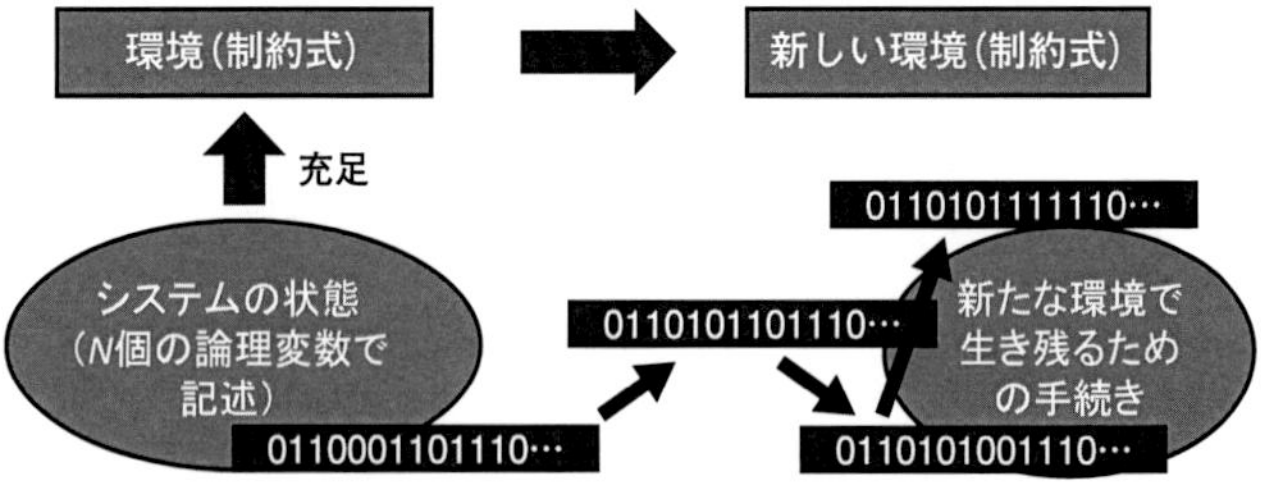

図 4.4　動的制約充足問題としてのレジリエンス

図４・４を見てほしい。システムの状態はn個の論理変数[10]で表現される。環境は、それらの論理変数に対する制約式として与えられる。図の左の時点において、システムは制約を満たしている。ある時、システムに擾乱が起こったとすると、その擾乱は新しい制約式（図の右側）として表現される。元々のシステムの状態が新しい制約式を満たしていないとすれば、システムは自身の状態を変更して、つまり論理変数の１と０を１つずつ反転させていくことによって、新たに制約式を満たす状態にたどり着く。この過程をレジリエンスと捉えるのである。たとえば何個の論理変数を反転させるか、あるいはシステムを新しい環境に適合させるのに何ステップかかるかを、レジリエンスの（結果）指標として使う考え方である。極めて単純で極度に抽象化された概念だが、それでもレジリエンスの本質がここにあるのではないかと私たちは感じた。

4.3 SRモデル

井上のアイディアを理論のベースとなるように体系化したのがSRモデル[11]である。このモデルは、国立情報学研究所のニコラ・シュウィンドが中心となって構築された。ニコラはフランスのアルトワ大学で学位を取得した後、２０１２年に来日し、井上の下で研究を開始した。ちょうどシステムズ・レジリエンスプロジェクトが開始したタイミングで、彼もプロジェクトに入ることになった。

ニコラはまず、システムの状態を環境に適合している・適合していないの２値ではなく、どの程

10 １か０の値を取る変数。

11 N. Schwind, T. Okimoto, K. Inoue, H. Chan, T. Ribeiro, K. Minami, and H. Maruyama: Systems Resilience: a Challenge Problem for Dynamic Constraint-Based Agent Systems. In *Proceedings of the 12th International Conference on Autonomous Agents and Multiagent Systems (AAMAS)*, May, 2013.

Nicolas Schwind（国立情報学研究所 特任助教）

2010年　博士（コンピュータサイエンス）、アルトワ大学（フランス）

人工知能、特に知識表現。現在信念変化（信念の更改、合流、更新）、定量的時空間推論・非単調推論などの研究に従事。

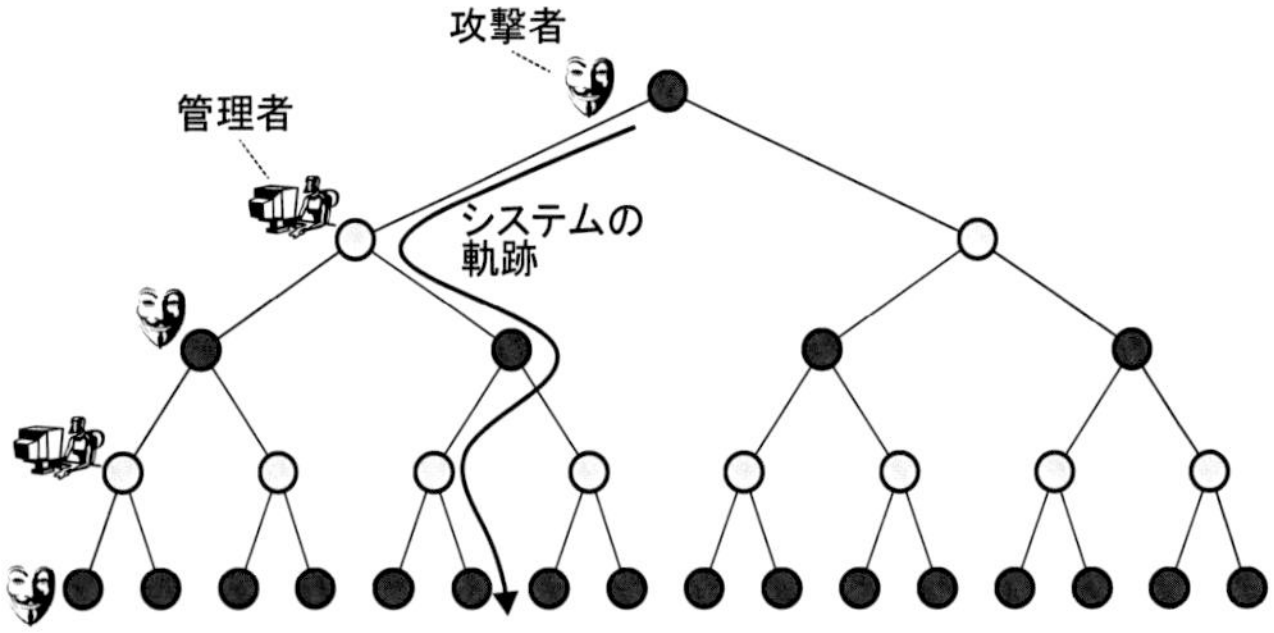

図 4.5　2 プレイヤーゲームとしての定式化

度適合しているかという数値で表すことにした。これは、第2章で触れた「システムの目的関数」という概念に相当する。次に彼は、①環境が変化する、②システムがそれに対して追従するという2つのステップが交互に起きると仮定した。こうすると、システムが環境の変化に対応している様子は、2人のプレイヤーからなるゲームのように考えることができる。将棋で相手が1手指す、それに対して自分が1手指す、のようにである。レジリエンスの観点からは、相手が環境、自分がシステムだ。たとえば、コンピュータシステムに対してハッカーが攻撃する、それに対してシステム管理者が対応する、という事象が繰り返される（図4・5）。

図の中で太線で描かれているのが、ある特定のシナリオにおけるシステムの軌跡である。その軌跡に沿ってシステムの適合度関数をプロットしてみると、たとえば図4・6のようになる。なお、この図では適合度をコストで表現している。図4・1と違って低い値ほどより望ましいことに注意してほしい。システムは、コストが臨界閾値を越えると不可逆的に壊れてしまうとする。つまり、コストがこの線を越えたとたんにシステムは生き延びることができなくなってしまう。臨界閾値の大きなシステムとは、第3章で紹介したところの冗長性や多様性が大きく、そもそも完全には壊れにくいシステムと言うことができる。すなわち、たとえば堤防の高さが高いなどマージンが大きかったり、何重にもバックアップされていたり、多様性によって危険が分散されたシステムだということができる。

レジリエントなシステムは、一時的にコストが臨界を越えても、短時間で復旧することで生き延びられる。このことは、コスト軌跡の**移動平均**[12]をとることで表現できる。このwを移動平均のウィンドウと呼ぶ。図4・7は、コスト軌跡（実線）に対してウィンドウが3の移動平均（破線）と、

12　時刻wステップ分の平均値。

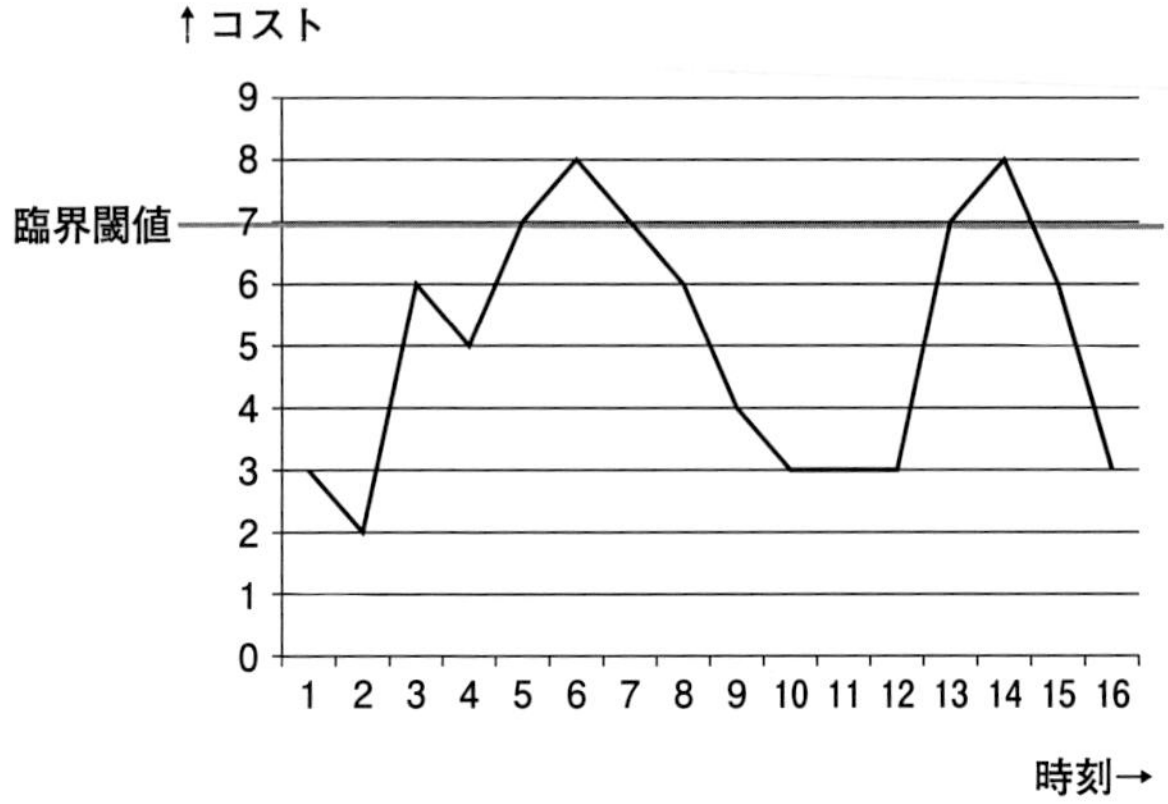

図 4.6　適合度の軌跡（コストは低いほど望ましい）

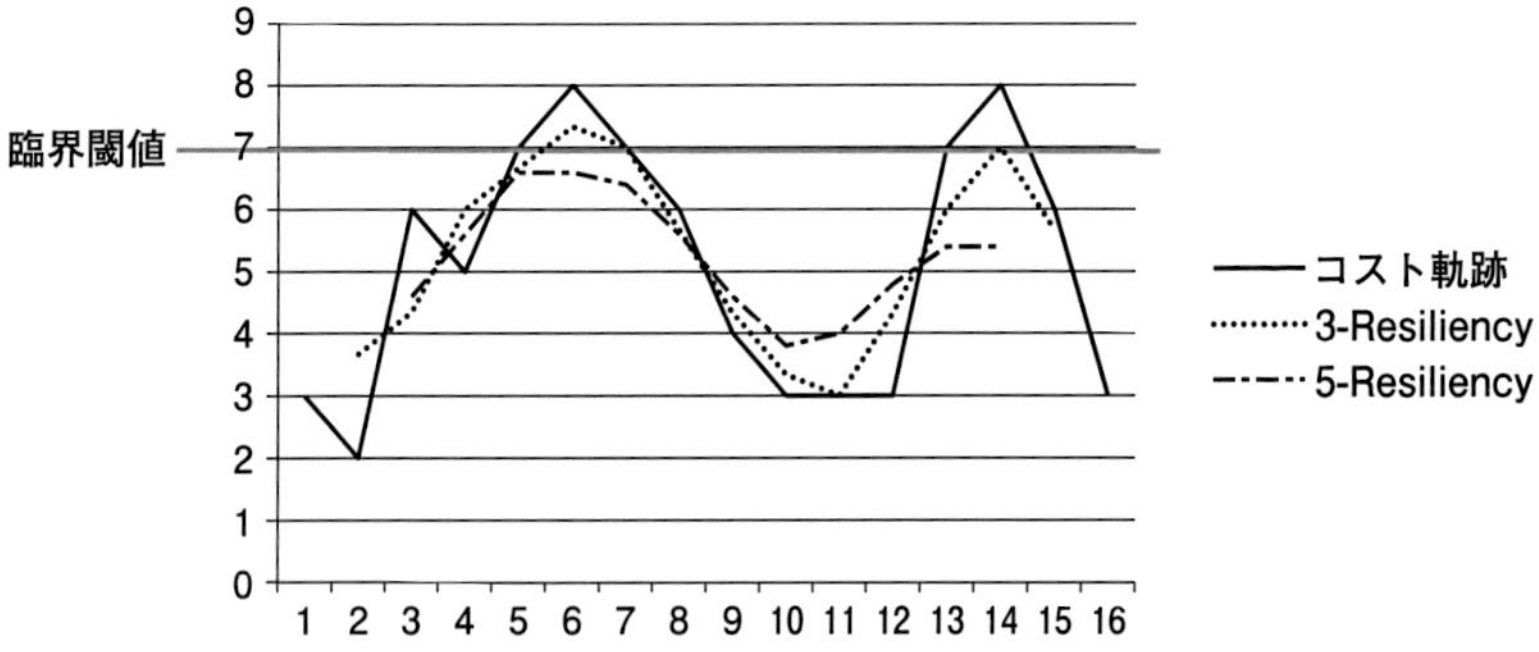

図 4.7　移動平均によるレジリエンスの定義

ウィンドウが5の移動平均（一点鎖線）をとったものを示している。この場合、5の移動平均をとった軌跡は臨界閾値の下に収まっているので、この軌跡はレジリエントであったということができる。移動平均を取るということは、直感的にはグラフを滑らかにすることである。レジリエンスの戦略の観点から言えば、擾乱からいかに早く回復できるか、たとえば緊急対応や回復における戦略が、このウィンドウサイズに関連する。

　このように、レジリエンスを語るには臨界閾値と移動平均のウィンドウサイズの2つのパラメタに文脈を分解する必要がある、というのがSRモデルの語るところである。

　今までの議論では、ある特定のシナリオにおけるレジリエンスだけを考えていた。つまり、結果指標である。このSRモデルを、結果指標と能力指標を結びつけることに使えないだろうか。「未来のシナリオをすべて数え上げることができる」という仮定の下で、答えはイエスである。この仮定が現実的かどうかは議論の余地がある。未来に起きるかもしれないことを、可能性を全部尽くしたかどうか、誰も確かなことは言えないからだ。しかし、想定されるいくつかのシナリオについて数え上げることならできそうだ。その仮定の下で、SRモデルを使って能力指標を考えてみよう。図4・8は図4・5と同じ2プレイヤーゲームの樹状図だが、図4・5は現時点が樹の葉（一番下のノード）だったのに対して、今度は現時点が樹の根になっている（図4・8の矢印）。ここから2人のプレイヤーのすべての手を数え上げると、たくさんの可能な軌跡が得られる。図ではそのうちの2本を示している。

　それぞれの軌跡がある時点まで進んだところで、その時点でのレジリエンス、ただし結果指標を求めることができる。これらの結果指標から代表元を選んで現時点での能力指標とすれば、能力指

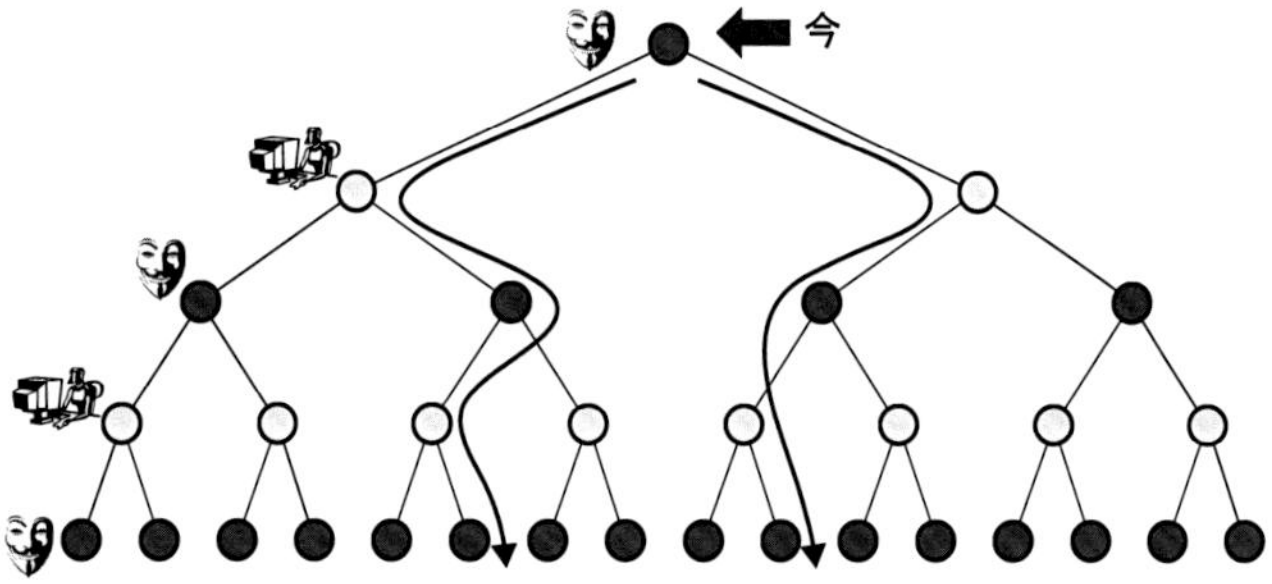

図 4.8　SR モデルによる性能指標の定義

標を結果指標で表現することができる。代表元の選び方の典型は最悪のケースを選ぶもので、悲観的な指標と言えよう。あるいは、もしそれぞれのプレイヤーの打ち手の確率がわかっているのであれば、それの期待値をとってもよい。このようにして、ＳＲモデルを使って結果指標と能力指標を結びつけることができる。もちろん、この議論は、「未来のシナリオをすべて数え上げることができる」という大きな仮定のもとでしか成り立たない。しかし、この簡単なモデルからも、レジリエンスについて導ける性質はいくつか考えられる。そのうちのいくつかを見てみよう。

多目的最適化

私たちは、レジリエンスを2プレイヤーのゲームとしてモデル化した。このゲームの中では、システム管理者は、相手の打ち手に対して自分の打ち手を決めていく。図4・8で見たように、その打ち手には何通りもの可能性がある。そのうちのどれを取れば、システムを最も効率的に回復できるだろうか。この問題に取り組んだのが、現在は神戸大学の准教授である沖本だ。沖本はドイツ生まれで、ドイツ語をネイティブのように操る。ドイツの名門フライブルグ大学で学んでいた時には、現地の寿司屋で料理人のアルバイトをしていて、専門の計算機科学だけでなく、料理の腕も確かだ。九州大学で学位を取得したあと、井上を慕って国立情報学研究所に身を寄せた。

ＳＲモデルは、レジリエンスを数学的に厳密な言葉で定義する。この定義から始めれば、今までさまざまな分野で知られたテクニックが使える。数学的に最適な打ち手を選ぶ技術の研究は、第二次世界大戦の頃に英国で始まった。いわゆる**オペレーションズ・リサーチ**である。戦時下の英国では、その生命線である米国からの輸送船団を、ナチス・ドイツの潜水艦の脅威から守る必要があっ

沖本天太（神戸大学准教授）

2008年、フライブルグ大学（ドイツ）よりDiplom授与（Diplom Informatiker)。2012年、九州大学より博士（情報科学）の学位を授与。

2012年、国立情報科学研究所にて、新領域融合研究センター（TRIC）の特任助教として勤務。2014年4月より、神戸大学大学院海事科学研究科の准教授として勤務。人工知能、マルチエージェントシステム、協力ゲーム理論、システムズ・レジリエンスに関する研究に従事。

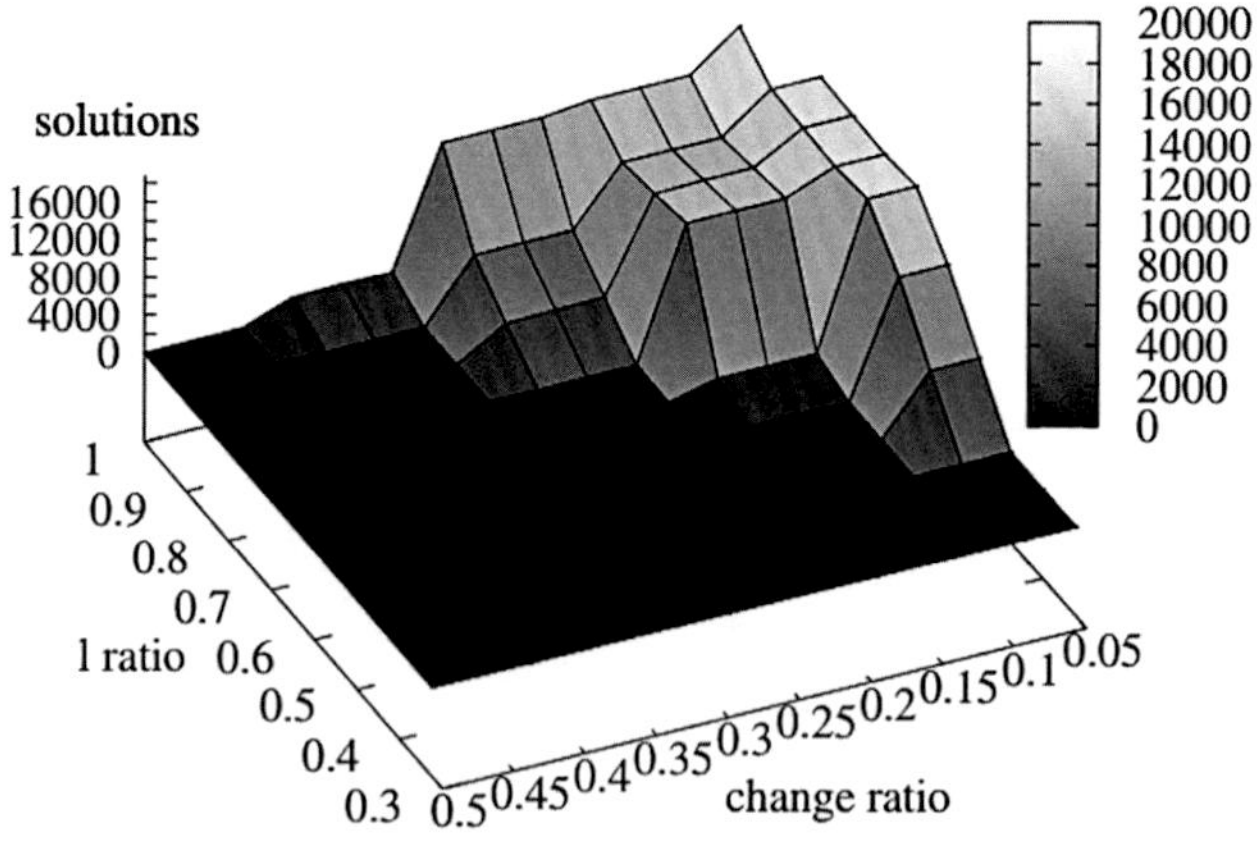

図4.9　多目的な動的システムにおける最適化[13]

13 M. Clement, T. Okimoto, N. Schwind, K. Inoue: Finding resilient solutions for dynamic multi-objective constraint optimization problems, *7th International Conference on Agents and Artificial Intelligence (ICAART 2015)*.

た。船団の損害を最小にするには、大きな船団を組み、より多くの軍艦を護衛につけたほうがよいだろうか。それとも、小さな小回りの効く船団を多数送ったほうがよいのだろうか。オペレーションズ・リサーチは、輸送船の数、護衛に割ける軍艦の数などの制約の下に、船団の損害を最小にするという目的関数を最適化する解を教えてくれる。

レジリエンスの打ち手についても、同じように意思決定をしなければならない。台風で大きな被害を受けたときに、次の水害に備えて堤防を修復することを急ぐべきなのか、それとも打撃を受けた産業や生活の回復のために道路や商業施設の修復を優先すべきなのか。いずれも、限られた資源という制約の中で最適な打ち手を見出すという、**最適化**の問題に帰着できる。

SRモデルでは、システムの「望ましさ」を目的関数という1つの数値で表せることを仮定したが、多くのシステムでは、目的関数は多目的だ。都市においては、1人当たりのGDP、失業率、識字率など都市の「望ましさ」を示す指標は複数あり、それらはどれが一番というものではなく、どれも重要であり、多くの場合はそれぞれの間にトレードオフがある。したがって、打ち手Aと打ち手Bの「望ましさ」を比べられないことも多い。だが、他の条件が同じならば、明らかに打ち手Aが打ち手Bよりも優れている、という比較可能な場合もありうる。比較が可能な他のどの打ち手よりもより優れている打ち手のことを**パレート最適解**という。沖本は、SRモデルを多目的に拡張した上で、「最適な打ち手」をパレート最適解という形で求める効率的なアルゴリズムを考案した。

図4・9を見てほしい。これは、20個の変数からなるシステムに対して擾乱が与えられたときに、このアルゴリズムがいくつのパレート最適解を見つけたかを示している。図の右手前“change ratio”と示された軸が、環境の変化の度合いを示している。原点（左側）に近いほうが、環境の変

化が大きい。"change ratio" が0・5というのは、制約に係るコスト関数のうちの半分がランダムに変化するという意味である。レジリエンスの言葉で言えば、擾乱の大きさが大きいということだ。一方、左手前の "l-ratio" と示された軸は、制約の厳しさを表している。[14] 一見してわかるのは、擾乱が大きく制約が厳しい条件の下では、そもそもシステムをレジリエントに保つ最適解が見つからない[15]ということだ。一方、擾乱が小さく制約が緩ければ、多くのパレート最適解を見つけることができる。

　第3章で、資源の最適配置が回復時においての重要な戦略の一つだと議論したが、沖本の最適化アルゴリズムは、まさにそのような場面で使えるものだと言えよう。

レジリエンスの時間地平線

　このSRモデルから理論的に得られるもう一つの帰結は、レジリエンスを語るには有限の時間地平線を設ける必要があるということである。図4・8において、外界の擾乱とシステムの回復が、それぞれシステムのコストを50％の確率で+1、−1すると仮定する。すると、システムのコストの軌跡は**ランダムウォーク**となる。ランダムウォークは、株価のモデル化など時系列データの基本的なモデルとしてよく研究されている。その性質の一つは、ランダムウォークの結果コストが最終的に取る値は、このランダムウォークを無限回試行すれば初期コストを中心とした正規分布になる、というものである（図4・10）。

　このことは、どんな有限の閾値を設定しても、時間軸を無限に取る限り、ゼロでない確率でシステムのコストが臨界閾値を越えることを意味する。したがって、時間軸を無限に取る限り、レジリ

14　原点に近いほど厳しい制約。

15　右側のグラフで、黒に塗りつぶされた部分。

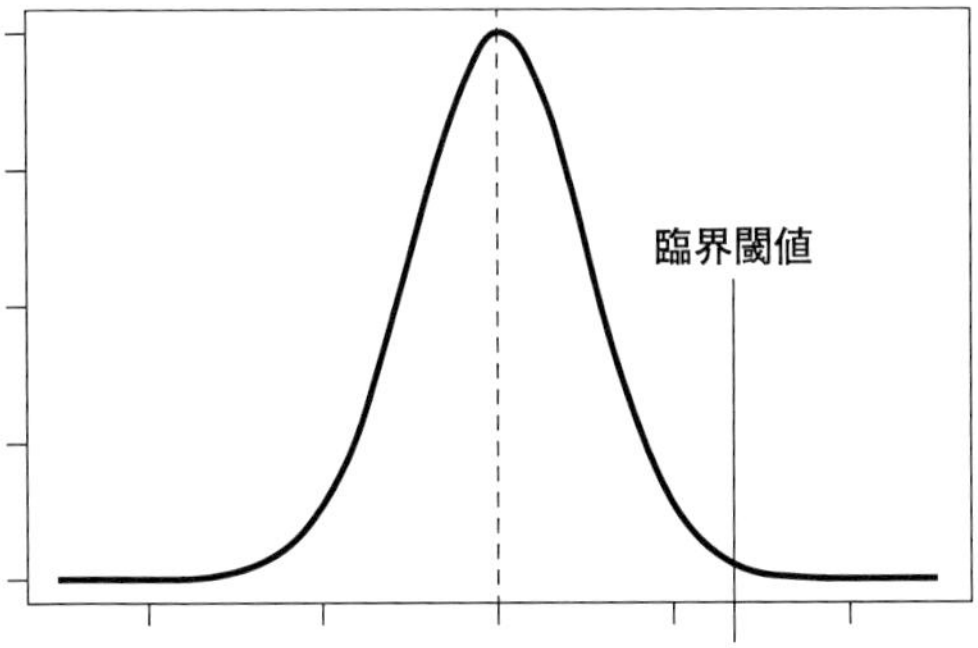

図 4.10　ランダムウォークを無限回試行した結果のコスト分布

エンスを保証するシステムは実現できないことが理論的に示される。

無限のレジリエンスはあり得ないのだが、私たちがレジリエンスを実際に議論するときには、時間地平線について意識することは少ないと思われる。しかし、「私たちが狙うレジリエンスは、次の10年なのか、１００年なのか、１０００年なのか」というタイムスケールを意識して議論することが重要である、というのがSRモデルから理論的に導けることの一つである。

お気づきかもしれないが、ＳＲモデルの議論には重大な制約がある。1つは、多くの仮定を設けたために、実際の場面での適用にはまだいくつものハードルがあることだ。もう1つは、第2章で述べた適応的レジリエンス、すなわち擾乱を機会として新たにイノベーションを起こす“bouncing forward”の考えをうまくモデル化できていないことだ。これについては、次章で考察したい。

第5章　科学と社会

私たちは、レジリエンスという性質を、科学の目を持って調べてきた。さまざまな状況でのレジリエンスを分類し、レジリエンスの戦略がなぜ、どういう場合に働くのか、その理由を追求し、それらの知見に基づいて、レジリエンスとはどういうものかを示す数理的なモデルを構築した。それらは、レジリエンスとは何か、なぜ特定のシステムがレジリエントになるのかを「知りたい」という科学の本質的な欲求から出てきたものである。

しかし、科学の役割は、世の中の成り立ちやメカニズムに関する知識を得ることだけではない。むしろ、その役割は変化してきている。19世紀までの科学は、自然の摂理を理解することに主眼が置かれていた。その結果、科学は人々の生活や価値観から影響を受けてはならず、これらからは離れたところで行われるものとされていた。しかし20世紀に入り、科学技術が急速に発展するにつれて、科学が私たちの社会に直接貢献することが期待されるようになってきた。２０１１年（平成23年）に制定された我が国の第４期科学技術基本計画[1]においては、科学技術を「人類社会が抱えるさまざまな課題への対応を図る」ものとして明確に位置づけている。すなわち、もはや科学は人類社会の営みから独立なものではなく、明確な応用目的を持ったものなのである。

神奈川県の南東にある三浦半島の丘の上に、湘南ビレッジセンターという施設がある。ここは、冬でも暖かい日差しが降り注ぎ、晴れていれば相模湾越しに遠く雪を被った富士山が見える、美しい場所である。２０１５年2月、22名のさまざまな分野のレジリエンス研究者が、ここに集まった（図５・１）。レジリエンスに関する湘南会議[2]に出席するためである。湘南会議は、特定のテーマに対して非常に深く議論するための合宿形式のワークショップで、日曜日の夜に参加者が到着し、木曜日の午後まで、ずっと缶詰めで議論を行う。私たちのプロジェクトは伝統的な科学の価値観に従

1　文部科学省、科学技術基本計画 http://www.mext.go.jp/a_menu/kagaku/kihon/main5_a4.htm

2　https://www.nii.ac.jp/about/international/shonanmtg/

図 5.1　システムズ・レジリエンスに関する湘南会議に集まった科学者たち

い、レジリエンスに関して「知ること」に注力してきたが、プロジェクト発足後3年経ち、それらの知識をどのように社会と結びつけるか、つまり新しい科学の価値観である「問題を解くこと」にシフトする必要が見えてきた。そこで、このワークショップのテーマは、社会の課題と数理モデルとを結びつけるという意味を込めて"Systems Resilience—Bridging the Gap Between Social and Mathematical"とした。[3]

マニラで生まれ、2002年に来日して大阪大学で学位を取得したロベルト・レガスピは、親日家で認知科学の専門家である。私たちは、「システム」のレジリエンスを考えてきて、第4章ではシステムの客観的な目的関数を導入することで、レジリエンスの数理的モデルも構築した。だが、結局のところ、システムがレジリエントであるかは、そのシステムを使う人、あるいはそこから恩恵を受ける人、いわゆるステークホルダがどう感じるか、そういう主観的なものかもしれない、とレガスピは感じるようになった。彼はこれを**「認知的レジリエンス」(perception-based resilience)**と呼ぶ。いくらシステムが客観的な指標で回復しても、人々が使うのを諦めてしまったら、そのシステムはレジリエントであるとは言えまい。だから、人々の認知あるいは「ムード」は、システムのレジリエンスに重大な影響を与えるはずだ。『Xイベント』の著者でもある複雑系研究者のジョン・キャスティは、最近の著書の中で、[4]ファッションや芸術に限らず、都市や文明の興亡に至るまで、いかに社会のムードが世の中を動かしてきたかを述べている。

では、社会のムード、あるいはレジリエンスに対する認知をどのように定量化し、科学の対象にすればよいのか。レガスピは、タイからの留学生であるRungsiman Nararatwongと共に、2011年のタイの洪水における住民の政府に対する信頼度を定量化しようとしている。使ってい

3 この湘南会議のレポートは次のURLで公開されている。http://shonan.nii.ac.jp/shonan/wp-content/uploads/2011/09/No.2015-32.pdf

4 John Casti, *Mood Matters: From Rising Skirt Lengths to the Collapse of World Powers*, Springer, 2010.

Roberto Sebastian Legaspi（統計数理研究所 新領域融合研究センター特任准教授）

2006年　博士（情報科学）、大阪大学

フィリピン共和国、マニラ生まれ。2006年～2013年日本学術振興会特別研究員、大阪大学産業科学研究所ポスドク研究者、2013年には客員准教授を務め、現在は情報・システム研究機構特任准教授。

人間中心知的システム相互作用の認知・感情・社会的人間行動コンピューティングに関する研究に10年以上携わり、現在では、複雑系、システムズレジリエンス、知的システムおよびコンピュータ社会学に関する研究にも従事している。

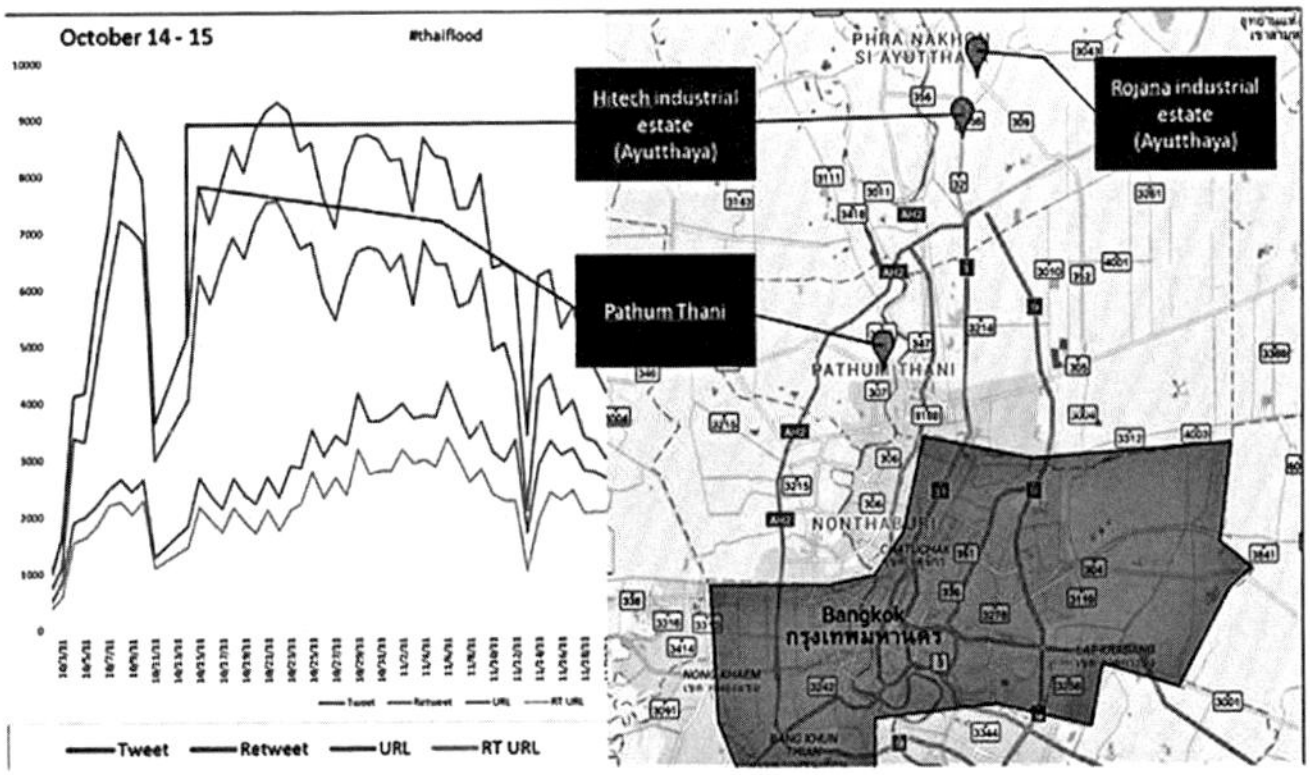

（Rungsiman Nararatwong 作成）

図 5.2　2011年のタイ洪水の様子とそれに関する住民の Tweet

るのは当時の Twitter のデータだ（図5・2）。このデータをもとに分析すると、実際の被害の状況とは別に、人々が政府に対する信頼を失っていく様子がわかる。

湘南会議のもう1人の参加者、シラキュース大学教授のパトリシア・ロングスタッフは、私たちのプロジェクトにおいて、常にメンターのような存在であった。米国の国家保安省（US Department of Homeland Security）がスポンサーする論文誌 *Homeland Security Affairs* で彼女らの論文[5]に出会った私たちは、ただちに面会の依頼をし、２０１３年の2月、まだ雪に閉ざされたニューヨーク州シラキュース市に飛んで、ロングスタッフ教授と意見交換をした。湘南会議において、彼女が強調したのは、社会のレジリエンスにおいての文化的な側面の重要性であった。特に「**寛容**」**(tolerance)** と「**臨機応変**」(improvisation) は頻繁に口にされた言葉であったと思う。英語の "improvise" は、詩や音楽などを即興で作る、あるいは思いもかけない状況においてその場で臨機応変に対応する、という意味の動詞である。語源はイタリア語の "improvisare" であり、「準備しそこなった、用意していない」などの意味である。

１９７０年4月10日、アポロ13号は史上3回目の月面着陸を目指してケネディ宇宙センターを飛び立ったが、宇宙船の故障によって、月面着陸せずに地球に帰還することを余儀なくされた。特に大きな問題だったのは、宇宙船内の二酸化炭素を除去する装置が働かず、そのままいくと3名の宇宙飛行士が二酸化炭素中毒で命を落としかねないことであった。アポロ計画においては、さまざまな事故や障害が予想され、それらへの対策が立てられていたにも関わらず、この特定の事故の状況ではそれらの事前準備は役に立たないことがわかった。ヒューストンの管制センターは、宇宙船の中にある資材だけで、間に合わせの二酸化炭素除去装置を製作する方法を考案しなければならな

5　P. H. Longstaff, N. J. Armstrong, K. Perrin, W. M. Parker, and M. A. Hidek: Building Resilient Communities: A Preliminary Framework for Assessment, *Homeland Security Affairs*, Article 6 (September 2010).

Patricia Longstaff（米国シラキュース大学 教授）

ロングスタッフ教授は、不確実性の高いシステムを管理・規制することを専門にした分析家であり教育者である。最近の仕事は、レジリエンスの概念と、テロや災害などの脅威に対する公共政策におけるその意味についての領域横断的な分析である。これは、彼女のネットワーク規制や複雑システムに関するアイディアをまとめたものである。米国科学財団からレジリエンスの領域横断研究をリードする研究資金を獲得し、2010年から2011年にかけては、オックスフォード大学の上級客員研究員としてこの研究を推進した。レジリエンスとセキュリティに関して多くの論文があり、これらのトピックについて世界各国で講演している。

ロングスタッフ教授はシラキュース大学の国家安全・対テロ研究所（INSCT）にも所属している。また、米国立標準技術研究所（NIST）のコミュニティ・レジリエンスに関する諮問委員会のメンバーであり、米国務省の国際災害救援のコミュニケーションに関する委員会のメンバーでもある。アイオワ大学で法律とコミュニケーション学で学士号、ハーバード大学で 行政学の修士号を取得し、現在はシラキュース大学の教授である。

かった。これが、"improvise"である。

では、人々に臨機応変な対応を促すようなシステムとはどのようなものなのだろうか。ここでロングスタッフの2つ目のポイント、「寛容」という文化が出ている。失敗を許容しない文化を持つ組織・社会においては、人々は緊急事態において普段と異なることを臨機応変に行うことを躊躇してしまう。常に小さな失敗を繰り返しているような組織・社会においては、より臨機応変な対応ができるはずだ。この考えは、第2章で述べた「小さな擾乱を注入する」戦略や、変化するビジネス環境でのＩＴ構築手法として主流になりつつあるアジャイル開発ともつながる考えと言える。

人工知能とレジリエンス

プロジェクトメンバーに情報学研究所の井上（前出）をはじめ、人工知能の研究に従事している者が複数いたこともあって、レジリエンスと**人工知能**の関わりについては多くの議論があった。現在急速に研究開発が進んでいる人工知能は、やがて人の知能を超えるだろうと考えられている。レイ・カーツワイルは、人間のように創造性を持つ機械知性が、人間に取って代わって文明の進歩の原動力となる日が近いことを予言し、それを**シンギュラリティ**と呼んだ。[6] このような「強い人工知能」が果たして人類の輝かしい未来を作ってくれるのか、はたまた人類の生存に対して脅威になるのかについては、多くの議論がある。第1章で紹介した『Xイベント』という本でも、核戦争やパンデミックなどと並んで、制御不能な人工知能が人類社会を乗っ取る可能性が描かれている。

人工知能はしかし、レジリエンスの文脈において脅威であるだけではない。湘南会議において井上は、①人工知能をレジリエントにするために私たちの知見が活かせる可能性（resilience for AI）

6　レイ・カーツワイル（井上　健　監訳）：『ポスト・ヒューマン誕生―コンピュータが人類の知性を超えるとき』、日本放送出版協会、２００７

と、②システムをレジリエントにするための人工知能の利用（AI for resilience）の両面の可能性を指摘した。人工知能も広くいえばシステムであるから、人工知能をレジリエントにするために、本書で紹介した冗長性や多様性などの戦略が役立つであろう。一方、システムをレジリエントにするために、人工知能が役立つことはなんだろうか？

現在の人工知能の研究の中で最もホットなトピックは、**機械学習**と呼ばれるものだ。典型的には、カメラ画像から人間や自動車などの意味のある物体を認識する、認識問題に使われる。そのために、大量の画像データを用意して学習をさせる。もし、訓練データに現れたのと全く同じ自動車の画像を見せられたら、それを自動車と認識するのは比較的簡単だろう。極端な話、訓練データに対して正解を出したいのであれば、訓練データと1枚1枚突き合わせをして、全く同じものがあれば、自動車と認識すればよいのだ。

機械学習で難しいのは、見たこともない自動車を、訓練データにあるさまざまな自動車から類推して認識することである。これを機械学習における**汎化**と呼ぶ。この議論は、レジリエンスにおける「想定外」を想い出させるのではないだろうか？　地震や津波などの擾乱は、過去のものと全く同じというわけではなく、毎回何かしらの「想定外」を運んでくる。だから、過去に起きた事象と正確に同じものに対してのみ対策を立てておくと、現実に「想定外」が起きて困ることになる。過去の経験を一般化して、次に来る大きな擾乱をより広い間口で待ち構えなければならないのである。

機械学習においては、汎化性能を上げるために、正則化というテクニックを用いる。これは、学習したモデルの精度を鈍らせる、いわば（訓練データに対する）性能をわざと下げるものだ。ここに、「あまりにも環境に特化して効率化したシステムはレジリエントでない」という私たちの発見との共通性がないだろうか。

また、もし強い人工知能ができるのであれば、その人工知能に管理させることによってシステムをレジリエントにできるのではないかと考えているのは、ロベルト・レガスピ（前出）である。第1章で、複雑化するシステムは必然的に崩壊する、という理論を紹介した。もし、グローバル化する私たちの社会がますます複雑化するのであれば、それをレジリエントに保つ社会システムも、同様に複雑化しなければならない。だとすれば、その社会システムは必然的に崩壊する、というのが『Xイベント』でジョン・キャスティが述べたことであった。

問題は、制御システムの複雑さが私達人間の理解能力をはるかに超えてしまうことである。1人の人間が把握できる複雑さには限界がある。しかし、人間よりもはるかに高度な知性を持つ強い人工知能が実現したらどうだろうか。災害時などにおいて、人に代わってこのような人工知能が、細部まで気を配ったより適切な判断が下せるようにならないだろうか。人工知能は、レジリエンスにとっての究極の切り札になる可能性もあるのだ。

野生に帰る馬

２０１２年に「システムズ・レジリエンス」プロジェクトを始めて以来、私たちは「レジリエンス」という得体の知れない概念を追いかけてきた。４年の間、掴まえたと思うと、その概念は手の中をするりとくぐり抜けて先へ行ってしまう、という経験を繰り返してきた。第４章で述べたＳＲモデルは、伝統的なレジリエンスの一部を抽象化して理論化したものだが、レジリエンスの社会性を考えたとたんに、その難しさは次元を超えたところへ行ってしまう。ロングスタッフは湘南会議の基調講演で、「レジリエンスという概念は、本来家畜であった馬が牧場の柵を乗り越えて野生化した馬、ムスタングのようなものだ」と表現した。

柵を乗り越える、あるいは境界を越えなければならない、という概念は、一週間の湘南会議の中で、さまざまな文脈で、形を変え繰り返し現れた。レジリエンスの本質が、「跳ね進む」(bounce forward)にあるのであれば、想定外の擾乱に対して、今までにない、新しい価値観を産んでいかなければならないのであろう。そのためには、既成の価値観、既成の境界を越えて柔軟な発想をしなければならない。

ＳＦ作家瀬名秀明は、２０１１年6月の人工知能学会大会で行った講演で、震災後の私たちは3つの対話を繰り返していかなければならないのだ、と力説していた。その3つとは、「真実へ至る対話」「合意へ至る対話」「終わりのない対話」の3種類である。私たちは、レジリエンスプロジェクトを通して、レジリエンスの科学的な性質を解き明かすという意味で「真実へ至る対話」へある程度道筋をつけることができたと思う。また、分野を超えた多くの人々との対話を通して、「合意へ至る対話」をいくつか経験することができた。しかし、ロングスタッフの言うように、レジリエンスは「柵を越える」概念であり、だからこそ私たちは「終わりのない対話」を続けていかなければならないのだと思う。

本書が、レジリエンスについての読者の興味をかきたて、私たちの社会が今後も力強く生き残っていくための何かのヒントになれば幸いである。

謝辞

本プロジェクトは、文部科学省の研究機関である大学共同利用機関法人 情報・システム研究機構 新領域融合研究センターの第2期のプロジェクトの一環として実施された。本プロジェクトの機会を与えてくださった、大学共同利用機関法人 情報・システム研究機構の北川源四郎機構長に感謝する。

さまざまな議論を通して私たちの研究に特に大きく影響を与えてくれた、シラキュース大学のPatricia Longstaff 教授、Global X-Center Netowrk の John Casti 博士、国際応用システム研究所のLeena Ilmola 博士、シンガポール大学客員教授でX-Center Network 日本代表の渡辺千仭先生、メルボルン大学持続的社会研究所の嘉志摩佳久教授、フライブルグ大学のGünter Müller 教授に感謝する。

プロジェクトのメンバーは別掲する通りだが、レジリエンスの概念と同様、プロジェクトの境界も流動的である。プロジェクトのそれぞれの局面において、さまざまな形でプロジェクトに協力してくださった、Hei Chan、有住なな、鈴木幸代、篠崎美穂の各氏に感謝して筆を置きたい。

２０１６年３月

大学共同利用機関法人 情報・システム研究機構 新領域融合研究センター
システムズ・レジリエンスプロジェクト

丸山　宏　統計数理研究所（ＰＭ）
井上克巳　国立情報学研究所（サブＰＭ）
明石　裕　国立遺伝学研究所
岡田仁志　国立情報学研究所
山形与志樹　国立環境研究所
佐藤泰介　東京工業大学（現 産業技術総合研究所）
椿　広計　統計数理研究所（現 独立行政法人統計センター）
大沢英一　公立はこだて未来大学
細部博史　国立情報学研究所（現 法政大学）
南　和宏　統計数理研究所
Robert Legaspi　統計数理研究所
丹生智也　統計数理研究所
沖本天太　国立情報学研究所（現 神戸大学）
生貝直人　国立情報学研究所（現 東京大学）
長田直樹　国立遺伝学研究所
松本知高　国立遺伝学研究所
Nicolas Schwind　国立情報学研究所

索引

システムのレジリエンス
—さまざまな擾乱からの回復力—

Printed in Japan

2016 年 3 月 31 日　初版 1 刷発行

著　者　大学共同利用機関法人 情報・システム研究機構
新領域融合研究センター
システムズ・レジリエンスプロジェクト

発行者　小　山　透

発行所　株式会社　近代科学社

〒 162-0843　東京都新宿区市谷田町 2-7-15
電 話 03-3260-6161 振 替 00160-5-7625
http://www.kindaikagaku.co.jp

藤原印刷

ISBN978-4-7649-0508-5
定価はカバーに表示してあります.

【本書の POD 化にあたって】

近代科学社がこれまでに刊行した書籍の中には、すでに入手が難しくなっているものがあります。それらを、お客様が読みたいときにご要望に即してご提供するサービス／手法が、プリント・オンデマンド（POD）です。本書は奥付記載の発行日に刊行した書籍を底本として POD で印刷・製本したものです。本書の制作にあたっては、底本が作られるに至った経緯を尊重し、内容の改修や編集をせず刊行当時の情報のままとしました（ただし、弊社サポートページ https://www.kindaikagaku.co.jp/support.htm にて正誤表を公開／更新している書籍もございますのでご確認ください）。本書を通じてお気づきの点がございましたら、以下のお問合せ先までご一報くださいますようお願い申し上げます。

お問合せ先：reader@kindaikagaku.co.jp

Printed in Japan

POD 開始日　2021 年 12 月 31 日

発　　　行　株式会社近代科学社

印刷・製本　京葉流通倉庫株式会社